A era do ecobusiness

| CRIANDO NEGÓCIOS SUSTENTÁVEIS

Arlindo Philippi Jr
COORDENADOR

A era do ecobusiness

CRIANDO NEGÓCIOS SUSTENTÁVEIS

João Amato Neto

Professor titular e chefe do Departamento
de Engenharia de Produção da Poli-USP

Copyright© 2015 Editora Manole Ltda., por meio de contrato com o autor.

Editor gestor: Walter Luiz Coutinho
Editora responsável: Ana Maria da Silva Hosaka
Produção editorial: Marília Courbassier Paris, Rodrigo de Oliveira Silva, Amanda Fabbro
Editora de arte: Deborah Sayuri Takaishi
Projeto gráfico, capa e diagramação: Acqua Estúdio Gráfico

Dados Internacionais de Catalogação na Publicação (CIP)
(Câmara Brasileira do Livro, SP, Brasil)

Amato Neto, João
A era do ecobusiness : criando negócios
sustentáveis / João Amato Neto. -- Barueri, SP :
Manole, 2015. -- (Série sustentabilidade)

Bibliografia.
ISBN 978-85-204-3964-7

1. Administração de empresas 2. Desenvolvimento
sustentável 3. Empreendedorismo 4. Meio ambiente
5. Negócios I. Título. II. Série.

14-06788 CDD-338.04

Índices para catálogo sistemático:
1. Negócios: Desenvolvimento sustentável: Economia 338.04

Todos os direitos reservados.
Nenhuma parte deste livro poderá ser reproduzida, por qualquer processo,
sem a permissão expressa dos editores. É proibida a reprodução por xerox.

A Editora Manole é filiada à ABDR – Associação Brasileira de Direitos Reprográficos.

1ª edição – 2015

Editora Manole Ltda.
Av. Ceci, 672 – Tamboré
06460-120 – Barueri – SP – Brasil
Tel.: (11) 4196-6000 – Fax: (11) 4196-6021
www.manole.com.br
info@manole.com.br

Impresso no Brasil
Printed in Brazil

O que ocorrer com a terra recairá sobre os filhos da terra. O homem não tramou o tecido da vida; ele é simplesmente um de seus fios. Tudo o que fizer ao tecido, fará a si mesmo.

[...]

Onde está o arvoredo? Desapareceu.

Onde está a águia? Desapareceu.

É o final da vida e o início da sobrevivência.

(trecho da carta do cacique Seattle, da tribo Suquamish, ao presidente dos Estados Unidos, 1854)

Sumário

SOBRE O AUTOR | IX

INTRODUÇÃO | XI

CAPÍTULO 1 | **Ecoempreendedorismo** | 1

1 Introdução | **1** Meio ambiente, desenvolvimento e oportunidades | **7** Sustentabilidade, economia e mercados | **17** Os econegócios | **31** Exercícios

CAPÍTULO 2 | **Redes de cooperação e ecoinovação** | 33

33 Introdução | **33** Da corresponsabilidade à cooperação | **38** Ecoinovação | **46** Exercícios

CAPÍTULO 3 | **Do *lean* ao *clean*: da produção enxuta à produção sustentável** | 47

47 Introdução | **47** Mudança de paradigmas | **58** Da produção enxuta à produção sustentável | **64** Ecogestão | **90** A responsabilidade socioambiental empresarial | **91** Exercícios

CAPÍTULO 4 | **Engenharia da produção sustentável** | 93

93 Introdução | **93** Da reta ao círculo | **97** Os 4 "R"s | **97** Produção mais limpa | **101** Logística reversa e remanufatura |

103 Análise do ciclo de vida dos produtos | **104** Ecoeficiência | **106** Ecodesign | **106** Pegada ecológica e pegada hídrica | **107** Gestão ambiental | **111** Exercícios

CONSIDERAÇÕES FINAIS | **113**

REFERÊNCIAS | **117**

ÍNDICE REMISSIVO | **123**

Sobre o autor

João Amato Neto é professor titular e chefe do Departamento de Engenharia de Produção da Poli-USP (Escola Politécnica da Universidade de São Paulo), no qual leciona as disciplinas de Economia de Empresas, Sustentabilidade e Produção e Redes de Cooperação Produtiva na graduação, no mestrado e no doutorado. É pós-doutor em Economia e Administração de Empresas pela Università Ca' Foscari di Venezia (Itália). Pela Comissão Europeia, foi professor visitante de *Supply Chain Management* e de *Quality Management* no *International Master in Industrial Management*, no Politecnico di Milano (Itália), e pesquisador visitante na Universidade de Aachen (Alemanha), em um projeto sobre *Global Virtual Enterprises*. É coordenador de cursos na Fundação Vanzolini e professor convidado de diversos programas de MBA da FIA (Fundação Instituto de Administração).

Já integrou e coordenou projetos de pesquisa para diversas organizações (ONU, OIT, Comissão Europeia, Fapesp, CNPq, Finep, Dieese, Ipea, BNDES, Fiesp, Fieb, Abit, Booz Allen Consulting, Rede Globo), apresentando seus resultados em diversos países, como Estados Unidos, Canadá, Portugal, Espanha, Itália, França, Alemanha, Inglaterra, Suécia, Escócia, Hungria, Turquia, Japão, México e Brasil.

É autor dos livros *Redes de cooperação produtiva e* clusters *regionais: oportunidades para as pequenas e médias empresas e Gestão de sistemas locais de produção e inovação*, e organizador de *Gestão estratégica de fornecedores e contratos, Sustentabilidade & Produção, Redes entre organizações e Manufatura classe mundial*. Atua também como palestrante e consultor nas áreas de gestão da sustentabilidade, da inovação e da qualidade, de gestão de pessoas e do conhecimento e de redes de cooperação e cadeias de valor.

Contato com o autor:
http://www.joaoamato.blogspot.com.br/

Introdução

- "Varejistas acusam fornecedores por denúncias de trabalho escravo".
- "Grandes empresas respondem por um terço dos danos ambientais, acusa ONU".
- "As empresas descobrem que a biodiversidade significa dinheiro em caixa e que a saúde do negócio está vinculada à saúde do planeta".
- "Google apoia *e-commerce* entre pequenos empresários".
- "Equipamentos geram energia solar e renda para pequenos empresários".
- "Custo afasta usuário de tecnologia de produtos ecológicos".
- "Investimentos em pequenos negócios 'inspiram' municípios".
- "Greenpeace divulga lista com empresas que utilizam energia limpa em centro de dados".

Estas são algumas manchetes que aleatoriamente destaquei de alguns veículos de comunicação. Mostram as duas faces da mesma moeda: os desafios e as oportunidades dos negócios sustentáveis, da produção mais limpa e do consumo consciente.

Se o mercado é cada vez mais competitivo e, ao mesmo tempo, ainda não estão disponíveis todas as tecnologias para a sustentabilidade, é preciso investir em inovação para sobreviver e lucrar.

Se todos são corresponsáveis pelos impactos ambientais da atividade humana e pelos problemas sociais, precisam fazer parcerias virtuosas e juntar esforços. Da corresponsabilidade à cooperação.

A sustentabilidade abre novos nichos de mercado, impõe novos padrões de conduta, uma nova ética empresarial e novas modalidades de produção, trabalho e gestão. Novas perguntas, novas respostas. Veja-se o exemplo do chamado aquecimento global. Quantas oportunidades tal fenômeno abre ao desenvolvimento econômico e à criação de empresas e novos nichos de mercado! A oportunidade de melhoria operacional surge no desenho de produtos e processos produtivos não apenas menos poluentes, mas também mais econômicos; o investimento em tecnologias limpas abre novas fontes de financiamento e reduz riscos, eleva a reputação corporativa e estimula a inovação em todos os departamentos da empresa, a começar por uma política de gestão de pessoas que incentive a liderança para a sustentabilidade (Jabbour e Santos, 2009).

Precisamos de um novo paradigma de produção-consumo-descarte. Precisamos fundar uma nova maneira de fazer negócios. As soluções surgirão de cada um, conforme seu contexto de atuação. De qualquer modo, é preciso sempre estar munido de novas e boas ideias.

O mundo dos negócios e a vida empresarial estão cada vez mais condicionados por um conjunto de profundas e rápidas transformações de ordem tecnológica, econômico-financeira, social, política e cultural. Do ponto de vista econômico-financeiro, tais transformações evidenciam-se, não de forma exclusiva, pelas seguintes tendências:

- Sucessivas e frequentes crises no sistema financeiro internacional.
- Acirramento da concorrência interempresarial em dimensão global.
- Maiores concentração e centralização do capital, manifestadas pelas constantes operações de fusões, aquisições e incorporações, que reforçam o poder dos grandes conglomerados empresariais.
- Movimentos (nem sempre unidirecionais) no sentido da formação dos grandes blocos econômicos, como a União Europeia, o NAFTA (mercado norte-americano, que inclui os Estados Unidos, Canadá e México), o "bloco asiático" (que inclui o Japão, a China e os "tigres asiáticos", como a Coreia do Sul, Taiwan, Cingapura e Indonésia) e o Mercosul.

No âmbito da política mundial, as mudanças evidenciam-se, entre outros aspectos, pelas rupturas de impérios tradicionais, desde as transformações do leste europeu de algumas décadas até as mais recentes quedas de regimes no Oriente Médio (mundo árabe). Na esfera social, as transformações são refletidas na tendência à polarização social entre ricos e pobres, aumento dos índices de desemprego, criminalidade e distúrbios sociais; e, concomitantemente, em movimentos para ao menos atenuar tais aspectos, seja por meio de políticas compensatórias dos Estados, seja por ações da chamada responsabilidade social das empresas.

Já do ponto de vista tecnológico, sensíveis e profundas mudanças vêm provocando impactos sobre a estrutura produtiva das empresas, assim como sobre o perfil de consumo das populações. Destaque-se, em especial, o advento e a rápida difusão da microeletrônica em seus vários aspectos e formas de aplicação nas empresas (desde um simples computador, que se tornou imprescindível para a realização de qualquer atividade administrativa e de projetos, até o uso de modernos equipamentos de produção que incorporam algum dispositivo microeletrônico, como as máquinas de comando numérico e os robôs industriais). Acrescente-se, ainda, a grande proliferação das novas formas de sociabilidade em rede (por meio das várias formas de redes sociais), baseadas nos meios de telecomunicação digital, que propiciam a comunicação online e em tempo real, a partir da rede mundial de computadores.

Finalmente, porém não menos importante, nota-se também que todo esse conjunto de mudanças econômicas, tecnológicas, sociais e políticas está atrelado às mudanças de caráter cultural e é influenciado por elas. Essas mudanças se manifestam em novos sistemas de valores, crenças e hábitos da população, sistema esse que está sendo constantemente influenciado pelos meios de comunicação de massa, apontando para a transição da chamada sociedade industrial para a sociedade pós-industrial, ou, ainda, sociedade da informação e do conhecimento.

Nesse cenário, marcado por grandes turbulências e acirramento da concorrência intercapitalista, a busca constante por inovações de produtos, processos e novas formas organizacionais constitui-se em um dos principais pilares para se obter maior competitividade nos mercados. Por outro lado, as crescentes pressões por parte da sociedade por ações de maior responsabilidade social e ambiental (sustentabilidade) passaram a condicionar a conduta das empresas. Novos métodos de trabalho, assim como novas formas gerenciais, estão surgindo dia após dia. Em especial, podemos citar, inicialmente, algumas destas novas tendências gerenciais:

- Sistemas de produção sustentável, incluindo aplicação de conceitos e princípios de ecoeficiência, produção mais limpa, análise de ciclo de vida do produto, logística reversa, reciclagem, reúso, remanufatura e de um conjunto de códigos, princípios e de normas internacionais, como ISO 14000 (gestão ambiental), ISO 26000 (responsabilidade social), *Global Report Impact* (GRI), entre outros.
- Estímulos à criatividade no trabalho e busca permanente por inovações de produtos, processos e formas organizacionais.
- Aprofundamento dos princípios e das práticas de qualidade assegurada ao longo de toda a cadeia de valor.
- Atendimento e entregas *just-in-time*.
- Estruturas administrativas mais enxutas, que implicam reduções no número de níveis hierárquicos (*downsizing* administrativo).
- Novos estilos gerenciais, mais participativos e com maior descentralização administrativa e maior delegação de poderes (*empowerment*), em busca de equipes de trabalho de alto desempenho.
- Satisfação dos vários parceiros do negócio (*stakeholders*), quais sejam: os acionistas, os clientes externos (que compram os produtos ou serviços da empresa), os clientes internos (os colegas de trabalho), os profissionais-colaboradores; os fornecedores; e a comunidade em geral, em função dos diferentes tipos de relacionamento praticado pela empresa com esses diversos agentes.
- Busca permanente de uma estrutura organizacional inovadora e profissional.

Sob uma perspectiva mais ampla, pode-se constatar um conjunto de grandes transformações econômicas, sociais, políticas, tecnológicas e culturais na sociedade contemporânea que apontam para a emergência de novos paradigmas que deverão nortear o comportamento e a conduta de cidadão e consumidores, assim como provocar profundas alterações nas estratégias empresariais.

No mundo dos negócios e na vida das modernas organizações empresariais, essas várias categorias de crises e de mudanças revolucionárias estão apontando para um quadro de muitas incertezas e imprevisibilidades envolvendo questões de muita complexidade. O paradigma da complexidade pode ser concebido como a base cognitiva demandada para o desenvolvimento das políticas públicas, projetos sociais e estratégias empresariais de sustentabilidade.

O paradigma da complexidade foi tratado de modo especial pelo pensador francês Edgar Morin. Busca afastar-se do que chamou de *conflito da sim-*

plicidade, que ainda é predominante no pensamento científico nos dias atuais: separar (distinguir ou desunir); unir (associar, identificar); hierarquizar (o principal, o secundário); e centralizar (em função de um núcleo de noções mestras). Como destaca Serva (1992), Morin tratou de evidenciar os limites da ciência atual e mostrar os desafios da *scienza nuova*. Para isso, buscou importantes contribuições em diferentes áreas do conhecimento, como biologia, teoria dos sistemas e cibernética. Refletindo sobre os conceitos de informação, ruído, conhecimento, organização e auto-organização, mostrou como eles estão intimamente ligados à noção de complexidade. Morin criticou frontalmente a forma departamentalizada da ciência convencional, usando como exemplo, em contrapartida, o *modus operandi* da filosofia, da sociologia e da psicologia. O paradigma da complexidade trata de temas que vão desde questões socioantropológicas e políticas da humanidade até problemas éticos e as implicações decorrentes do atual curso que as ciências trilharam. Morin (2007, p. 35, grifos no original) observa:

> Mas a complexidade não compreende apenas quantidades de unidades e interações que desafiam nossas possibilidades de cálculo: ela compreende também incertezas, indeterminações, fenômenos aleatórios. A complexidade num certo sentido *sempre tem relação com o acaso.*

A sustentabilidade, como problema e estratégia, guarda uma relação imensa com a complexidade, enquanto fenômeno e forma de pensamento. Afinal, trata-se sempre de enfrentar os riscos e perigos ambientais, enquanto aproveitam-se as possibilidades geradas em meio às incertezas para desenhar e redesenhar negócios que trabalhem com tais riscos de modo produtivo e virtuoso. É nessa perspectiva que o presente livro desenvolve seus temas.

O primeiro capítulo é dedicado a delimitar as oportunidades de empreendedorismo geradas pela sustentabilidade, tanto em termos da criação de novos negócios como do realinhamento competitivo de empresas que busquem se reinventar em termos sustentáveis.

O segundo capítulo explora dois temas fundamentais ao funcionamento da economia de mercado sustentável: a cooperação e a inovação. De um lado, a sobrevivência dos novos negócios sustentáveis é viabilizada e potencializada pela busca de parcerias em redes de cooperação e pelo aproveitamento de vantagens geográficas da aglomeração de empresas que cooperam e concorrem entre si. De outro, a ecoinovação surge como conceito-chave para o desenho de produtos e sistemas de produção aptos a responder às demandas ambientais e sociais.

O terceiro capítulo explora uma interessante inovação que se desenvolve em termos da própria história dos processos produtivos. Os setores de vanguarda da economia já consolidaram a passagem da produção em massa, fordista, à produção enxuta, o chamado modelo *lean*. Mas como esses setores podem passar ao paradigma da produção sustentável, limpa ou verde (*clean, green*)? E como o restante da economia pode, e precisa, saltar diretamente no paradigma da sustentabilidade? Como veremos, será preciso redefinir as diversas funções da empresa em uma lógica que remodele aspectos da produção enxuta, ágil e flexível sob as novas formas desenvolvidas para a produção sustentável.

Por fim, o quarto capítulo apresenta ferramentas do que chamou de engenharia da produção sustentável. Tratam-se de técnicas e modelos correlatos, de produção mais limpa, ecoeficiência, análise do ciclo de vida, gestão ambiental, logística reversa, entre outros, os quais criam um novo campo de estudos e experimentos práticos para a reconfiguração de nossas formas de produção, consumo e descarte.

Ecoempreendedorismo

INTRODUÇÃO

Neste primeiro capítulo, a discussão sobre gestão sustentável será introduzida do ponto de vista das potencialidades do desenvolvimento de um modelo de economia de mercado apto a sustentar negócios que não apenas tenham impacto ambiental reduzido, mas também ampliem as formas de tratamento produtivo dos recursos naturais e expandam as oportunidades de produção e consumo. O ecoempreendedorismo revelará chances de negócio em que antes se viam apenas crises e problemas, mas negócios sustentáveis dependem de uma revisão do que costumamos entender como economia.

MEIO AMBIENTE, DESENVOLVIMENTO E OPORTUNIDADES

Para começarmos a pensar o problema da sustentabilidade nos negócios e nas empresas, precisamos partir de um diagnóstico do mundo em que vivemos. Comecemos por alguns dados. Segundo a Organização das Nações Unidas (ONU, 2014):

- A população mundial é de aproximadamente 7 bilhões de pessoas.
- Quase metade da população mundial – mais de 3 bilhões de pessoas – vive com menos de 2,50 dólares por dia; 80% da população mundial vive com menos de 10 dólares por dia.

- Existem 2 bilhões de crianças no mundo; metade delas vive na pobreza.
- 1 bilhão de pessoas no mundo têm fome; 98% das pessoas subnutridas vivem nos países em desenvolvimento.
- 1 bilhão de pessoas não sabem escrever seu nome.
- Mais de 1 bilhão não têm acesso adequado à água e 2,6 bilhões não têm saneamento básico.

Segundo o Banco Mundial (2014), em 2008, a repartição do consumo privado era a seguinte: os 20% mais ricos consomem 76,6%; os 60% médios consomem 21,9%; e os 20% mais pobres consomem 1,5%. Segundo pesquisa da Universidade de Cornell, Estados Unidos (Lang, 2007), cerca de 40% das mortes no mundo são causadas pela poluição (da água, do ar e do solo), enquanto a poluição do ar por fumaça e vários resíduos químicos mata 3 milhões por ano.

Só um olhar sério para essas questões é capaz de enxergar sua profundidade. E vislumbrar, então, a outra face dos problemas: as soluções e as oportunidades.

FEITOS PARA NÃO DURAR: OPORTUNIDADES JOGADAS/ENCONTRADAS NO LIXO
Meses atrás, notei que o rádio do meu sistema de som automotivo não estava funcionando. Após uma cansativa peregrinação, que durou algumas semanas e muitas oficinas de reparo (incluindo a da revendedora autorizada do veículo), fui convencido a desistir da ideia de recuperação daquele aparelho, de vida finada então, posto que não se encontrava o componente que havia sido danificado.
Outro fato marcante ocorreu-me quando da aquisição de uma televisão de tela plana. Questionado a respeito das garantias que deveriam acompanhar o aparelho, o atendente da loja surpreendeu-me com sua sinceridade: "Hoje em dia os aparelhos de TV já são projetados para não durar muito e, se houver algum defeito, pode jogar no lixo e comprar outro".
Há alguns anos foi o caso do aparelho de celular. Fui a uma loja autorizada da operadora dos serviços de telefonia questionar o valor da conta mensal dos serviços que, a meu ver, estava excessivamente elevado.
Mais uma surpresa: o vendedor explicou-me que eu poderia optar por um plano mais econômico e ao mesmo tempo me ofereceu um novo aparelho com algumas novas funcionalidades — para as quais, aliás, eu não tinha qualquer necessidade. Mas, em função das "explicações técnicas" do vendedor, fui convencido a aceitar a promoção, pois aquele meu aparelho muito antigo (eu o havia comprado há dois anos!) logo se tornaria obsoleto.

(continua)

(continuação)

FEITOS PARA NÃO DURAR: OPORTUNIDADES JOGADAS/ENCONTRADAS NO LIXO

E o que dizer da produção de automóveis e aparelhos da linha branca (geladeiras, máquinas de lavar, forno de micro-ondas)? Não fogem à regra. Todos esses exemplos não devem ser entendidos como fenômenos isolados da prática empresarial, mas sim manifestações de uma filosofia de produção e consumo cuja mola propulsora é a obsolescência planejada, inserida na própria concepção e projeto dos produtos. A lógica é simples: encurtar a vida útil dos produtos para acelerar o ciclo "produção-consumo-descarte". Para isso, as empresas planejam um portfólio de lançamentos, provocando de forma deliberada certo canibalismo dos seus próprios produtos, com a consequente substituição por novos modelos. Se essa lógica foi predominante sob o paradigma de produção em massa (fordismo) e ainda se mantém sob o paradigma da produção enxuta (toyotismo), o que dizer dos novos desafios dos modelos de produção e consumo sob a lógica da sustentabilidade, a emergente filosofia da gestão e da produção e a mais séria das vantagens competitivas?

Eis um aspecto que acredito ser de fundamental importância para o futuro da sociedade e que se origina de uma filosofia básica que norteia as estratégias empresariais de grandes corporações, principalmente as do setor de bens de consumo. Obsolescência planejada não é um termo novo, muito menos uma realidade sem precedentes. Em 1990, passei um mês de pesquisas e estudos no Japão, ainda centro das atenções e pujante berço de um "milagre" econômico cujo santo era a indústria eletroeletrônica. Berço também da Toyota, cuja planta nós – uma equipe de vários países – fomos visitar, para conhecer de perto as inovadoras formas de gestão lá implementadas: a base do paradigma de produção ágil, enxuta e flexível.

Mas não foi necessário organizar uma visita técnica para conhecer uma realidade talvez igualmente rica e para a qual a gestão e a produção pouco costumam olhar: o lixo. No lixo japonês, já há mais de duas décadas, componentes microeletrônicos e computadores dividiam o espaço com embalagens e outros materiais.

De lá para cá, porém, o Japão viria a se destacar como exemplo mundial na gestão do lixo. Por intermédio da Japan International Cooperation Agency (Jica), hoje o país lidera um programa internacional de várias frentes, abrangendo o desenvolvimento institucional e a formação de pessoas, criando entre as diversas ilhas do Pacífico uma rede de cooperação para a troca de experiências: casos como o de Shibushi, cidade localizada em Kagoshima, no sul do Japão, cujo aterro, em 1998, recebia 14 mil toneladas de lixo e, nove anos depois, albergava pouco mais de 2 mil toneladas, sendo as demais 8 mil recicladas, com uma redução de quase 4 mil toneladas de lixo (reciclado e não reciclado) entre 1998 e 2007.

De fato, esquecidos e soterrados sob os modelos convencionais do sistema "produção-consumo-descarte", os resíduos são, sob muitos aspectos, mais graves à vida humana do que a própria escassez de recursos naturais. Por isso, na estratégia dos 3 "R"s (reduzir, reusar e, enfim, reciclar), surge um quarto: a remanufatura, indústria que já movimenta mais de US\$ 14 bilhões nos Estados Unidos.

A gestão da produção e a economia, que sempre pensaram, de uma forma linear, na cadeia produtiva, até a chegada dos bens e serviços aos consumidores, precisam agora correr para garantir a passagem de volta. E nessa visão do bumerangue econômico, os problemas crescem na proporção da demanda de soluções inovadoras. Cenário que chama à oferta de novos serviços, abrindo espaço para o empreendedorismo sustentável.

Em especial, a remanufatura de vários produtos – mecânicos e eletrônicos, por exemplo – já pode ser considerada um campo de negócio rentável. Na realidade, são muitos os casos de empresas na Europa e na América do Norte que estão obtendo lucros significativos com a venda de produtos e componentes remanufaturados, tais como telefones celulares e peças de automóveis, principalmente em mercados de países emergentes.

(continua)

(*continuação*)

FEITOS PARA NÃO DURAR: OPORTUNIDADES JOGADAS/ENCONTRADAS NO LIXO
No Brasil, a Lei 12.305/2010, que institui a Política Nacional de Resíduos Sólidos, sinaliza para os novos nichos de negócios a serem explorados na geração de soluções ambientais, como a logística reversa. A produção não é mais entendida como uma linha, mas como um ciclo, curva na qual o produto que chega ao consumidor tem que voltar às empresas para que lhe deem a destinação ambientalmente adequada. O lixo, afinal, passa a ter valor. E a produção, da linha à curva, chega à rede: novas empresas que podem especializar-se nesse setor e serem contratadas pelas grandes para cooperarem nesse desafio.
Produtos e negócios para não durarem podem apressar-se. A sustentabilidade veio para ficar.

Fonte: Amato Neto (2011).

Há muito tempo, a questão da obsolescência planejada ou programada é conhecida. Veja este trecho do segundo ato da peça *A morte do caixeiro viajante*, de 1949, escrita pelo americano Arthur Miller (1915-2005):

> Pelo menos uma vez na vida, eu gostaria de possuir inteiramente alguma coisa antes que se quebrasse! [...] Mal acabo de pagar o automóvel, e ele está no fim. O refrigerador consome correias como um maldito maníaco. Eles marcam tempo para que estejam gastos quando a gente finalmente acaba de pagá-los. (Miller, 2000, p. 56-7)

Sair correndo atrás do novo, porque o velho quebrou ou já ficou ultrapassado é uma realidade do século XX que ganha uma velocidade alucinante neste início do século XXI. Mas é possível continuar produzindo e consumindo dessa maneira? Em 1994, os pesquisadores Jim Collins e Jerry Porras escreveram um livro chamado *Feitas para durar*, que investigava as práticas das empresas mais visionárias (Collins e Porras, 2001). Contudo, na época, a questão ambiental ainda não adentrava as portas dos escritórios, lojas, fábricas, salas de reunião e bolsas de valores. De fato, a sustentabilidade no plano das empresas é ao mesmo tempo uma demanda pela redefinição de estratégias, redesenho de modelos de negócio, modificação nas formas de produção e consumo. É também uma mudança dos mercados e, assim, uma abertura de novos nichos a serem ocupados.

O primeiro passo para construir gestão sustentável e aproveitar oportunidades é olhar ao redor. O chefe precisa olhar ao redor e ver seus colaboradores, que têm direitos trabalhistas e precisam ser liderados de uma maneira inteligente e saudável, valorizando as ideias e talentos de ambos os lados. O operador da máquina precisa olhar ao redor para ver que seu trabalho se integra em um conjunto e em um processo, para poder pensar nisso, motivar-se por sua contribuição e aperfeiçoar sua própria atividade, economizando materiais, energia e o desgaste de materiais e de si mesmo.

E a escala se amplia. A empresa precisa se ver como parte da sociedade e da natureza. Os fluxos entre empresa, sociedade e natureza estão se tornando mais complexos. Não basta retirar a matéria-prima e selecionar mão de obra para entregar um produto ao consumidor. É preciso ver o que fazer com esse produto no futuro. Não vale mais gerar só fumaça para fora e lucro para dentro. É preciso pensar na comunidade em que a empresa se baseia. Fazer com que a comunidade também lucre, de alguma maneira, com a atividade que, afinal, sustenta. Mas se uma parte do lucro sai (em forma de ações para a comunidade), pode também voltar, por exemplo, sob a forma de parcerias com fornecedores e produtores próximos, para a fidelização de clientes em potencial. Do mesmo modo, os impactos negativos também precisam ser neutralizados. Metaforicamente, é a fumaça que passa a adentrar a empresa e, atingindo o sistema respiratório de seus membros, gera a reação do espirro. Precisamos reagir aos problemas, não escondê-los!

Concretamente, qual deve ser a reação a todas essas mudanças? Gerar externalidades positivas, neutralizar as externalidades negativas – externalidades são todas as vantagens ou desvantagens não precificadas, não internalizadas na lógica dos custos. Impactam terceiros que não participaram das decisões econômicas que as geraram. Com a internalização dos custos ambientais, os problemas de fora passam a ser problemas internos. O meio ambiente passa a ser um problema da empresa. Mas, afinal, o que é meio ambiente?

Estamos acostumados a usar o termo para nos referir ao meio ambiente natural: a natureza, seus ecossistemas, a base física, química e biológica da sociedade. Muitos dos problemas gerados por um modo insustentável de produção e consumo afetam esse meio ambiente natural: o aquecimento global ou efeito estufa, a chuva ácida, as ilhas de calor, a poluição do ar, da água, do solo, do som, as alterações no ciclo da água (com regiões e períodos de seca e de alagamentos), entre tantos outros fenômenos.

Mas também podemos visualizar o meio ambiente em outros sentidos. Afinal, meio ambiente é tudo que está ao redor de certo ponto de referência. Assim, em relação à economia, podemos vislumbrar um meio ambiente social ou cultural – embora a economia seja parte da sociedade, funciona com sua própria lógica, como um subsistema, mas a sustentabilidade mostra que ela também tem de aprender a olhar para a sociedade que a envolve (a comunidade em que se insere uma empresa, sua cidade, seu país, o mundo). E também a empresa, a economia e a sociedade têm de olhar para sua base física, química e biológica: ou seja, para o meio ambiente natural. Daí os termos "sustentabilidade social" ou "sustentabilidade socioambiental".

Há ainda outros sentidos de meio ambiente, como o de meio ambiente laboral, ao qual se vinculam as ideias de trabalho digno ou decente, de qualidade de vida no trabalho e de saúde e segurança no trabalho.

Enfim, meio ambiente refere-se tanto ao espaço em que vivemos quanto àquilo que está ao seu redor. O ponto em que nos localizamos e em que desenvolvemos nossas atividades gera impactos, assim como uma pequena pedra jogada em um lago gera ondas na superfície da água. Essas ondas podem ser problemas ou soluções. Promover uma série de soluções encadeadas, ou seja, círculos virtuosos no lugar de círculos viciosos, é o que define o conceito de desenvolvimento.

Para começarmos a pensar em sustentabilidade, é preciso entender o histórico da ideia de desenvolvimento sustentável. Mas, antes, o que é desenvolvimento? O conceito de desenvolvimento, central na economia, vem sofrendo transformações radicais. Tradicionalmente, desenvolvimento econômico era sinônimo de crescimento econômico – aumento do PIB, ou seja, da renda interna de um país. Contudo, esse número era insuficiente para comparar países com diferentes tamanhos de território e população. Importaria mais analisar o PIB per capita, ou seja, o valor que chega à mão de cada pessoa no território daquele país. Mesmo assim, seria uma ficção, pois assim consegue-se apenas o valor que cada um ganharia se toda a renda nacional fosse repartida igualmente, o que não corresponde à realidade. Por isso, surgiram maneiras de medir a desigualdade, como o índice de Gini: nessa medida, quanto mais próximo de zero, há mais igualdade de renda; quanto mais próximo de 1, há mais desigualdade.

Têm surgido ainda outras propostas de medição do desenvolvimento, como a Felicidade Interna Bruta (FIB), termo criado em 1972. Assim, pretende-se construir um índice que meça não só crescimento econômico, mas também bem estar social, qualidade de vida, sustentabilidade e uma série de outros fatores, em uma noção mais completa e complexa do desenvolvimento.

Um modo mais abrangente de se entender o desenvolvimento econômico surgiu com o Índice de Desenvolvimento Humano (IDH), da Organização das Nações Unidas (ONU), nos anos 1990: nesse índice, contam não só a renda individual (PIB per capita), mas também a expectativa de vida (saúde) e o acesso ao conhecimento (educação). Um dos idealizadores dessa maneira de se medir o desenvolvimento foi o economista indiano Amartya Sen. Para ele, desenvolvimento significa expansão das liberdades das pessoas. O acesso aos bens materiais e imateriais justifica-se à medida que possibilita o desenvolvimento das capacidades individuais, que são tolhidas pela miséria, pela pobreza, pela carência de bens essenciais e conhecimento (Sen, 2000). Desenvolver é dar oportunidades para as pessoas se desenvolverem. O desenvolvimento das pessoas retroalimenta o desenvolvimento da coletividade. Entre essas oportunidades e pessoas podem estar o empreendedorismo e os empreendedores.

SUSTENTABILIDADE, ECONOMIA E MERCADOS

O desenvolvimento sustentável pode ser entendido como "um processo contínuo de aprimorar as condições de vida, enquanto se minimiza o uso de recursos naturais, causando o mínimo de distúrbios e desequilíbrio no ecossistema" (Rattner, 1999, p. 189). Podemos entender a sustentabilidade como um conceito sistêmico relacionado com a continuidade do desenvolvimento dos aspectos econômicos, sociais, culturais e ambientais da sociedade humana. Essa ideia nasce da preocupação ambiental de uma série de grupos nos anos 1960 e 1970, preocupação esta que se alastrou progressivamente para toda a sociedade. Um marco foi o livro *Primavera silenciosa*, publicado em 1962 pela bióloga americana Rachel Carson (1907-1964), que tratava dos impactos ambientais da indústria química e do uso de pesticidas na agricultura (Carson, 2010).

A seguir, houve uma série de iniciativas no plano internacional, do qual antes apenas participavam os Estados (governos), mas progressivamente tomaram parte as organizações não governamentais (ONGs) e as empresas. Vejamos as principais:

- 1972: relatório Limites do crescimento, do Clube de Roma (associação internacional que congrega pensadores, estadistas, líderes empresariais), elaborado por uma equipe do MIT, diagnosticava que, diante do desastre ambiental, a solução seria o "crescimento zero" – parar tudo, a produção e o consumo.
- 1972: Conferência da ONU sobre Meio Ambiente Humano, em Estocolmo, Suécia.
- 1987: relatório Brundtland ou Nosso Futuro Comum, da ONU, divulga o conceito de desenvolvimento sustentável.
- 1987: Protocolo de Montreal é compromisso para redução dos gases destruidores da camada de ozônio.
- 1989: o Programa das Nações Unidas para o Meio Ambiente (PNUMA) divulga o conceito de produção mais limpa.
- 1992: Conferência das Nações Unidas sobre Meio Ambiente e Desenvolvimento (Rio 92 ou Eco 92).
- 1997: Protocolo de Kyoto, para redução dos gases causadores do efeito estufa.
- 2012: Conferência das Nações Unidas sobre Desenvolvimento Sustentável (Rio + 20): marcada pela maior presença das empresas e pelo conceito de economia verde.

Também o comércio internacional vem sendo pressionado a se adequar às demandas da sustentabilidade. Um dos alicerces dessa redefinição é o comércio justo, conceito que vem ganhando força na Organização Mundial do Comércio (OMC) pela atuação dos países em desenvolvimento e emergentes. A ideia é juntar livre comércio, sustentabilidade e concorrência saudável – baseada no mérito, na competência, e não na conduta antiética perante os concorrentes.

Não há uma linha de progresso que os países "em desenvolvimento" devam seguir, caso contrário, reproduziriam os erros que o processo de industrialização cometeu nos últimos séculos. Assim, âmbitos de negociação econômica e de defesa da competição têm traduzido a ideia de que não é possível se admitir que todos os países tenham que rebaixar o nível de vida de suas populações para competirem com fábricas que produzem bens, mas reproduzem miséria e condições degradantes.

No âmbito do comércio internacional, a sustentabilidade tende a colocar ao lado da noção de custos sociais e custos ambientais as ideias de dumping social e dumping ambiental. Dumping é o preço predatório praticado internacionalmente: exportar um produto com preço menor do que é vendido no mercado interno, a fim de acabar com os concorrentes. Se esse preço predatório da concorrência é atingido por meios ilícitos, pode ser punido com medidas comerciais (antidumping).

Um dos meios de vender produtos com um preço tão baixo é não respeitar padrões mínimos de legislação trabalhista (horas de trabalho, equipamentos de segurança, salubridade dos ambientes de trabalho) – esse é o dumping social. Outro caminho é ignorar exigências de preservação e reprodução saudável do meio ambiente: afinal, a produção mais limpa custa caro – esse é o dumping ambiental.

A ideia de que só pode haver competição se todos respeitarem padrões mínimos de decência e responsabilidade não vale só para quem quer competir internacionalmente. Afinal, condutas como preços predatórios e outras formas de concorrência desleal também podem gerar, dentro do Brasil, investigação e punição pelo Conselho Administrativo de Defesa Econômica (Cade). Em suma: não vale vender barato se o barato sair caro para alguém. Vale concorrer, mas não vale enganar.

Há basicamente duas formas de se conceber as relações entre economia e sustentabilidade: 1) a abordagem da sustentabilidade fraca (economia ambiental); 2) a abordagem da sustentabilidade forte (economia ecológica) (Romeiro, 2010, p. 7-14).

Sob a abordagem da sustentabilidade fraca, os recursos naturais não limitam a expansão do sistema econômico, porque sempre haverá possibilidade de substituição entre os fatores de produção – capital, trabalho e recursos naturais. O sistema econômico é visto como grande o suficiente para que a disponibilidade de recursos naturais jamais crie qualquer tipo de restrição à sua expansão. A restrição é irrelevante, pois, segundo tal abordagem, a oferta dos recursos naturais pode ser sempre garantida pelo progresso científico.

Já sob o enfoque da sustentabilidade forte, o sistema econômico é visto como subsistema de um maior, o que impõe uma restrição absoluta à expansão da economia. Desse ponto de vista, "capital construído" e "capital natural" são tidos como complementares. Tendo em conta que o risco de perdas irreversíveis pode gerar situações catastróficas, é necessário definir coletivamente, como uma atitude de cautela, os limites para o consumo total de bens e serviços, respeitando, por exemplo, os ciclos naturais de reposição de matéria-prima. O progresso científico e tecnológico é considerado fundamental para aumentar a utilização eficiente dos recursos naturais, renováveis e não renováveis. É o caso, por exemplo, das técnicas de ecodesign ou design para o meio ambiente, que buscam conceber produtos mais sustentáveis. No entanto, a garantia de sustentabilidade a longo prazo não é possível sem a estabilização dos níveis de consumo per capita, de acordo com a capacidade de absorção do planeta.

Uma crítica à própria base epistemológica sobre a qual se assenta a teoria microeconômica neoclássica é dirigida ao modelo do diagrama do fluxo circular, que mostra como se dá a circulação de insumos, produtos e dinheiro entre as empresas e famílias, definindo-se os preços nos mercados de bens e serviços e nos mercados dos fatores de produção. Essa ótica econômica revela-se frágil ao desconsiderar a economia como um sistema isolado, ou seja, que não envolve trocas de energia e de matéria com um sistema externo mais amplo, além de desconsiderar os processos de liberação de resíduos (produção de lixo). Trata-se, portanto, de uma visão idealizada de um sistema que funcionaria como moto perpétuo e que poderia produzir trabalho de forma ininterrupta, consumindo a mesma carga de energia e o mesmo estoque de materiais. Tal visão contraria uma lei básica das ciências naturais que é a lei da entropia – segunda lei da termodinâmica (parte da física que estuda as relações entre energia, calor e trabalho), para a qual nem toda energia pode ser transformada em trabalho, pois parte dela é dissipada na forma de calor, ou seja, não pode ser mais utilizada (fenômeno conhecido como entropia). Daí a ideia de que energia e matéria aproveitáveis são de baixa entropia (Cechin e Veiga, 2010).

Assim, todo e qualquer sistema econômico em expansão (crescimento) mantém-se aberto para a entrada de energia e materiais de qualidade, assim como para as saídas de resíduos. Nesse sentido, Georgescu-Roegen (1906-1994), matemático romeno que se tornou economista nos Estados Unidos sob a influência de Schumpeter, foi um dos pioneiros a demonstrar a incompatibilidade do pressuposto básico da economia convencional neoclássica com os princípios da física. Partindo-se do conceito das ciências biológicas de metabolismo (processo bioquímico mediante o qual um organismo ou uma célula serve-se dos materiais e da energia de seu ambiente para seu crescimento), a abordagem do metabolismo socioambiental ressalta que as atividades econômicas, ou seja, as relações sociais de produção e distribuição, não podem ser consideradas independentes das relações que os homens mantêm com a natureza (Romeiro, 2010; Cechin e Veiga, 2010).

Na realidade, os problemas ambientais provocados pela produção de resíduos do processo econômico são, sob muitos aspectos, mais graves à vida humana do que a própria escassez de recursos naturais. A otimização do fluxo de materiais e energia em todo o sistema de produção-consumo é a base conceitual da economia ecológica, segundo a qual os impactos das atividades humanas de produção e consumo sobre o meio ambiente devido devem ser análogos ao que ocorre com os ecossistemas e seus ciclos naturais (Stahel, 2001). Tal constatação demanda um sistema de produção circular, como o representado na Figura 1.1.

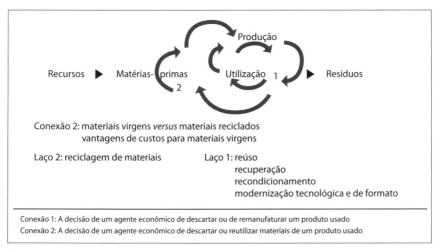

Figura 1.1: Fechando os laços materiais da economia ecológica.
Fonte: Stahel (2001, p. 156).

O motor da criação de novas estratégias para a sustentabilidade é justamente o entendimento de que a economia (do grego, *oikos*, casa, e *nomos*, leis) e a ecologia (do grego, *oikos* e *logos*, razão) compartilham a mesma base e só fazem sentido em uma colaboração, que, justamente por ser conflituosa, torna possível, como síntese, a produção de inovações na forma de produção e reprodução da sociedade dentro da natureza.

Sabemos que três pés dão mais estabilidade para qualquer móvel. Assim também se espera que seja com a economia sustentável. Ser sustentável pressupõe ter uma visão de futuro – e de longo prazo. Para tanto, é preciso buscar uma forma de crescimento estável, que não consuma hoje as matérias e energia de que precisaremos amanhã.

Um dos conceitos-chave para práticas empresariais sustentáveis é aquele apresentado em 1997 pelo britânico John Elkington como *triple bottom line* ou tripé da sustentabilidade (Elkington, 2011). A ideia se espalhou pelo mundo corporativo, sendo a base das estratégias de responsabilidade social de grandes empresas.

O plano é considerar três dimensões:

1) People: as pessoas, ou melhor, o pilar social.
2) Planet: o planeta, isto é, a natureza.
3) Profit: lucro, sustentabilidade econômica e financeira dos negócios.

Uma representação esquemática dessa ideia pode ser vista na Figura 1.2.

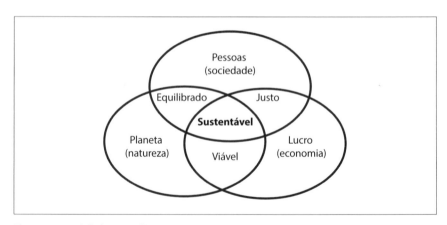

Figura 1.2: *Triple bottom line.*
Fonte: adaptada de Elkington (2011).

Do ponto de vista da dimensão econômica, sabe-se que toda e qualquer atividade produtiva deve ser econômica e financeiramente viável e sustentável ao longo do tempo, isto é, qualquer empreendimento humano destinado à produção de bens e/ou serviços necessita ser rentável para se justificar como tal. Nas sociedades modernas, a produção desses bens e/ou serviços está organizada a partir das empresas dos mais variados portes (micro, pequena, média ou grande) e nos mais variados setores da economia (eletro-eletrônico, metal-mecânico, químico, petroquímico, farmacêutico, alimentício, etc.). Por outro lado, pode-se considerar que a empresa moderna, além de seus objetivos puramente econômicos (maximização dos seus lucros, maior participação nos mercados, maximização do retorno sobre os investimentos, etc.) também realiza suas funções sociais ao gerar renda e emprego nas regiões em que atua. Porém, esta parece se constituir em uma visão tradicional e limitada da responsabilidade social das empresas nos dias de hoje, tendo em vista as enormes disparidades sociais e a incapacidade do Estado em resolver essa problemática. Na perspectiva mais ampla e profunda da sustentabilidade, as empresas devem participar mais ativamente nos vários desafios da sociedade contemporânea.

É preciso se comprometer em participar de diversas maneiras em diversas ações individuais (políticas internas) e coletivas (por meio de ações conjuntas em sindicatos, entidades de classe, etc.) e até mesmo em ações de cooperação internacional para acelerar o desenvolvimento sustentável nas localidades, regiões e no planeta de modo geral. Desenvolver de maneira objetiva ações para combater a pobreza, estimulando o desenvolvimento de atividades produtivas com comunidades em que a empresa atua. Há exemplos de empresas, nos mais variados ramos de atividade econômica, que estão buscando conciliar seus objetivos puramente econômico-financeiros com ações sociais bem conduzidas e que promovam efeitos benéficos nas comunidades e regiões nas quais atuam.

Outro desafio que se coloca para a sociedade moderna como um todo e que envolve diversos agentes públicos e privados (empresas) diz respeito à necessidade de se alterar o atual padrão de consumo. A lógica preponderante na chamada "sociedade de consumo", inaugurada pelos Estados Unidos no período pós-Segunda Guerra Mundial não se sustenta mais nos dias atuais. A noção de **capacidade de carga do planeta** impõe limites à lógica da máxima produção e máximo consumo, estimulados pela estratégia de **obsolescência planejada** dos produtos inerente aos planos de marketing das grandes empresas. Sob tal estratégia, as áreas de novos negócios e de inteligência de mercado (*business inteligence*) demandam constantemente novos projetos de novos produtos de seus engenheiros e projetistas, tornando o ciclo de vida útil dos produtos cada vez menores.

Do ponto de vista das condições de trabalho e da qualidade de vida dos profissionais, as empresas se defrontam com outros desafios, que vão desde ações de proteção e promoção da saúde humana, em seus aspectos mais básicos, até planos de desenvolvimento sustentável das pessoas, por meio de investimentos em treinamento e, principalmente, em educação de qualidade para, de fato, desenvolver as potencialidades de seus empregados.

Certamente tida como a face mais visível do termo sustentabilidade, a dimensão ambiental traz uma série de questões das mais sérias em termos dos impactos do modelo de desenvolvimento econômico gestado ao longo do último século. Algumas das mais notáveis manifestações do atual paradigma de produção e consumo podem ser evidenciadas por um conjunto de indicadores da crise ambiental que vem marcando a humanidade nas últimas décadas: a crescente devastação das matas e florestas, a contaminação da água e a sobre-exploração de mantos aquíferos, a erosão dos solos, a desertificação de vastas regiões do planeta, a perda da diversidade agrícola, a destruição da camada de ozônio e o crescente aquecimento global, consequência da também crescente emissão dos gases efeito estufa.

No sentido de se reverter tal tendência é que se desenvolvem uma série de programas governamentais e práticas empresarias e de várias organizações da sociedade civil, como: programas de fomento da prática da agricultura e do desenvolvimento rural sustentável; estratégias e modelos de gestão ecologicamente racional da biotecnologia; ações de conservação da biodiversidade; programas e ações de proteção da qualidade dos recursos hídricos; iniciativas de gestão ecologicamente racional dos produtos químicos tóxicos, dos rejeitos perigosos, assim como dos rejeitos sólidos. Vide, a propósito, como manifestação concreta das preocupações governamentais a esse respeito, a recente implementação da Política Nacional de Resíduos Sólidos (lei 12.305/2010) por parte do Estado brasileiro.

Finalmente, porém não menos importante, considera-se também como uma vertente importante da sustentabilidade a dimensão social – problemas como fome, pobreza, analfabetismo, epidemias, falta de moradia, questões de mobilidade urbana, etc. Dentro da dimensão social, podemos ainda localizar a dimensão cultural, que envolve aspectos que vão desde a multiplicidade de valores e crenças, das diversas formas de produção e difusão do conhecimento nas comunidades, até a diversidade de línguas, expressões artísticas e visões de mundo, incluindo ações de educação para o desenvolvimento sustentável.

A sustentabilidade é uma questão transversal, trata de um conjunto de problemas (aquecimento global, poluição, pobreza, déficit educacional, etc.) cuja solução depende de políticas públicas, estratégias empresariais e iniciativas do terceiro setor. No caso das empresas, vale a fórmula: solução = negócios.

As exigências de sustentabilidade no mercado que mais gera dinheiro – o mercado financeiro – vêm colocando em xeque o ditado de que "dinheiro não nasce em árvore". Assim é que os requisitos de transparência e boa governança corporativa permitem às empresas mais sustentáveis (econômica, social e ambientalmente) colocar suas ações para venda nos setores mais privilegiados das bolsas de valores.

Na Bolsa de Nova Iorque, já em 1999 foi criado o Índice Dow Jones de Sustentabilidade (IDJS), o primeiro do gênero. Trata-se de um instrumento que auxilia a empresa a avaliar o equilíbrio entre retorno financeiro e atuação ética. Esse índice tem uma série de critérios e pesos para definir oportunidades e riscos econômicos, sociais e ambientais das empresas. Para serem incluídas, elas têm de responder a um detalhado questionário, renovado a cada ano, e submetem-se a uma verificação externa.

Desde 2001, para terem seus papéis negociados nas Bolsas de Valores dos Estados Unidos, as empresas de capital aberto, tanto americanas quanto estrangeiras, têm de se submeter aos ditames Lei Sarbanes-Oxley, que trazem mecanismos efetivos para evitar fraudes e promover a ética.

No Brasil, a Bolsa de Valores de São Paulo (Bovespa) criou em dezembro de 2005 um índice de ações que é um referencial (benchmark) para investimentos: o Índice de Sustentabilidade Empresarial (ISE). A partir de então, o ISE passou a refletir o retorno de uma carteira formada por empresas com reconhecido comprometimento com o desenvolvimento sustentável e responsabilidade social.

Diante de tais tendências, algumas empresas passaram a incorporar os desafios da sustentabilidade – em suas várias facetas – em suas estratégias empresariais e a tratá-los do ponto de vista da governança corporativa. Tais empresas, ainda em número reduzido, podem ser consideradas como ilhas de excelência em práticas sustentáveis, constituindo-se como exemplos para as demais.

Outras ferramentas de mercado têm incentivado investimentos em sustentabilidade. O Protocolo de Kyoto foi negociado a partir de 1997 como um protocolo à Convenção-Quadro sobre Mudança Climática assinada na Rio 92. Em sua primeira fase (de 2008 a 2012), estabeleceu certas metas para a redução da emissão de gases causadores do efeito estufa ou aquecimento global.

Embora as metas não tenham sido cumpridas, uma inovação desse protocolo tende a se perenizar: a ideia de dar incentivos econômicos para as empresas e países, que passam a ser pagos para deixar de impactar negativamente o meio ambiente e construir tecnologias e projetos "limpos". Embora controversa, a ideia de se pagar para preservar parece ter algum futuro.

O Protocolo de Kyoto colocou em prática o Mecanismo de Desenvolvimento Limpo (MDL), pelo qual pessoas, empresas ou países que desenvolvam tecnologias e projetos que evitem ou diminuam a emissão de gás carbônico (CO_2) ganham créditos de carbono. Cada tonelada de CO_2 que deixa de ser emitida ou é retirada da atmosfera equivale a um crédito de carbono. Assim, pela Redução Certificada de Emissões (RCE), ganham-se créditos que podem ser negociados no mercado mundial.

Diante disso, projetos de sustentabilidade em construções, transporte, agricultura, mineração, gestão de resíduos e geração de energia podem gerar créditos de carbono, que incentivam as empresas a tomarem essas iniciativas.

Esse é um exemplo da lógica da sustentabilidade. Não só preservar o meio ambiente, mas dar viabilidade para iniciativas nesse sentido. Não só preservar, mas também refazer o que foi destruído – por exemplo, por meio de projetos de reflorestamento.

Essa e outras iniciativas – como a parceria com comunidades que preservam seus conhecimentos tradicionais e recursos naturais nativos – mostram a importância do *capital natural*, uma nova dimensão de riquezas baseada na consciência da escassez e finitude dos recursos naturais.

Oportunismo e pragmatismo são condutas que, com a sustentabilidade, ganham novos contornos. Sobretudo, na ótica da sustentabilidade, surge espaço para uma nova forma de ser ético: preocupando-se mesmo com aqueles que não conhecemos, mas que sofrem as consequências de nossa ação ou omissão.

A sustentabilidade, como um novo paradigma, propõe formas de pensar e agir diferentes das quais estamos acostumados. Em muitos momentos, parecem ser utopias e idealizações. Mas várias experiências demonstram que muitas das boas ideias para a gestão sustentável não só são realistas como extremamente necessárias. Ficam evidentes pelo menos dois pilares para se sustentar um negócio nos dias de hoje:

- A empresa estendida: não é mais possível pensar em produzir um bem ou oferecer um serviço isoladamente; as formas de terceirização e, principalmente, outras modalidades de redes de cooperação produtiva tornam-se uma estratégia de competição da qual não se pode abrir mão, da microempresa à transnacional, das cooperativas e da economia solidária ao mercado global. Por isso, é ao longo de toda a cadeia produtiva que precisam estar presentes os critérios socioambientais e precisam ser geradas as inovações em produtos e processos produtivos e em formas de organização e gestão.

- A empresa entendida como corresponsável pela promoção do bem-estar social e do equilíbrio ambiental; ao lado do Estado, do terceiro setor e dos cidadãos individuais, os negócios precisam assumir ônus e bônus e as estratégias de negociação têm que passar do "jogo de soma zero" (um ganha o que o outro perde) para o "ganha-ganha" (win-win): não só as partes do negócio devem ser beneficiadas, mas toda a sociedade precisa "lucrar".

OS ECONEGÓCIOS

"Negócios, negócios, meio ambiente à parte" – esse foi o lema que predominou no mundo corporativo até há pouco tempo e alguns ainda não se acostumaram com os presentes e futuros tempos: a era do ecobusiness.

Ser sustentável hoje é necessário para uma empresa de qualquer setor – da indústria automobilística à de papel e de construção civil, da produção de bens de consumo aos serviços, do banco à escola, do cabeleireiro à padaria. Por isso, diante do novo paradigma (veja a discussão dos paradigmas no Capítulo 3), todos os negócios correram (ou estão correndo) atrás de estratégias de sustentabilidade, trataram (ou estão tratando) de divulgar práticas de responsabilidade social corporativa e criaram (ou estão criando) seus setores, departamentos e áreas responsáveis pela sustentabilidade. Esse é um primeiro passo, que temos que dar o mais rápido possível.

Ocorre que a sustentabilidade abre também uma variedade tão ampla de nichos de mercado que as empresas existentes não dão conta. Surgem aí as oportunidades para quem quer fazer seu próprio negócio, atuando em uma fase da produção que as grandes corporações ainda não dominam plenamente, ou em relação à qual preferem terceirizar a atividade às pequenas. Em alguns casos, vale a pena ou mesmo é necessário que a empresa produza em casa a sustentabilidade. Contudo, muitas vezes, terceirizar é melhor. Porém, quando for procurar fora de si (*outsourcing*) o *know-how* que não possui, a empresa encontrará uma parceira que atenda à sua demanda? É um problema... É uma oportunidade!

A sustentabilidade, portanto, é um desafio às empresas já existentes e uma oportunidade para elas reinventarem sua maneira de produzir bens, oferecer serviços e lucrar com novas formas de consumo. Contudo, é também uma tendência da economia que a expande a tal ponto de deixar muitos vazios no espaço ocupável por novos negócios, por novos empreendedores.

Como era viver sem carro? Como é viver em um mundo de carros? Deixemos a segunda questão para tratarmos dela daqui a pouco. Concentremo-nos na primeira: A máquina que mudou o mundo – esse é o título de um impactante livro sobre a indústria automobilística (Woomack et al., 2004). O criador dessa indústria foi, todos sabem, o americano Henry Ford (1863-1947). Mas como Ford teve a brilhante ideia de produzir em massa o carro, para consumo em massa, a baixo custo? Para a época, foi uma inovação, e não das pequenas! Diz a lenda (e as lendas muitas vezes são reais) que aquele jovem nascido perto de Detroit concebeu a linha de montagem do Ford T a partir de uma visita a um frigorífico: desmontagem do boi, montagem do carro...

Como a história é um eterno retorno, semelhante (des)construção volta hoje mais uma vez sob a forma de inovação, um século depois. É preciso fabricar para vender. Mas o negócio acaba aí? Não! O conceito de logística reversa e as técnicas de produção mais limpa, a análise do ciclo de vida dos produtos e outros conceitos de que falaremos no Capítulo 4 mostram a necessidade de se dominar não só a produção do produto, mas também sua desprodução. A empresa agora atua em uma cadeia que deve cobrir de um momento pré-matéria-prima (o que fazer para preservar o espaço social e natural em que ela será retirada?) até a fase do pós-venda e do pós-consumo (como reaproveitar um produto após seu uso?). Da produção à desprodução, a sustentabilidade insere-se na dinâmica que rege o sistema econômico e a sociedade atuais, a dinâmica da *destruição criativa*, como identificou o economista Joseph Schumpeter (1883-1950).

Se para fabricar um bem ou oferecer um serviço precisamos criar uma empresa, para "destruí-los" – ou melhor, reaproveitá-los, gerir os resíduos que geram, etc. – também é preciso criar. A cadeia produtiva se estendeu: não mais acaba na venda, mas também precisa lidar com a volta dos recursos que retirou da natureza. Novos espaços estão reservados para os ecoempreendedores, aqueles que querem apostar nos mercados verdes.

As novas oportunidades de negócios estão nos mercados verdes, que representam cifras bilionárias em dólares. Um primeiro segmento é o dos produtos feitos com papel reciclado, embalagens biodegradáveis, alimentos orgânicos e outros bens ou serviços cuja marca está associada a padrões ambientalmente responsáveis de produção e consumo. Outro setor é o dos equipamentos de controle de poluição, das tecnologias limpas, dos equipamentos baseados em energia renovável. Já no plano dos serviços, além do ecoturismo, surgem as atividades especializadas de assessoramento e consultoria em redução de ruídos, eficiência energética, recuperação dos solos, reciclagem.

Ainda temos de vislumbrar as oportunidades que se apresentam nos setores de alta tecnologia e biotecnologia, bem como nas técnicas de exploração sustentável da flora e da fauna. Os ciclos de reposição da natureza precisam ser observados e é melhor prevenir do que remediar. Por isso, prevenir perigos previsíveis de degradação ambiental e se precaver de riscos incertos é uma obrigação. Se as empresas não observarem, podem ser responsabilizadas judicialmente. Portanto, também na assessoria agronômica e ambiental existe um mercado em expansão.

As empresas só pensavam na ida dos produtos (obter os insumos necessários, fabricar o produto ou oferecer o serviço, entregar ao consumidor), mas nunca deram atenção à volta (recolher o produto e lhe dar nova destinação). Porém, a produção sustentável não é apenas um bumerangue, que vai e volta. É melhor entendê-la como um ciclo: o produto nasceu, envelheceu e agora precisa ser desproduzido... Para ser reproduzido, produzido de volta. Por isso, um dos grandes mercados verdes é o da remanufatura, negócio que busca a economia de energia e materiais, gerando muitos empregos na produção de um produto novo a partir do velho.

Como fazer um planejamento estratégico para um negócio sustentável? O primeiro passo é buscar informações sobre:

- O público que você pretende atender, a localização e as necessidades do seu mercado consumidor.
- Seus concorrentes, como eles atuam, quais são seus pontos fortes e fracos e, então, as oportunidades e ameaças de criar um negócio para concorrer com eles.
- Analisar os custos do negócio que você pretende criar, a viabilidade econômica e financeira, os investimentos necessários, onde buscá-los.

Em que local você pretende instalar sua empresa, que parcerias pode fazer, como buscar fornecedores e insumos que sejam sustentáveis, que resultados você vai gerar para aquela comunidade?

Depois de estudar esse mapa de informações, chega a hora de traçar a estratégia de sua empresa: para que você vai criar a empresa (missão), quais valores vão pautar sua atuação e como ela deverá funcionar (visão), ou seja, qual é o resultado esperado, a área de atuação, qual é a vantagem competitiva de seu negócio? Então é preciso ter criatividade e conhecimento do setor para desenhar a estratégia e estabelecer ferramentas a fim de monitorar sua implementação e avaliar cada passo.

O que acabei de dizer vale não só para quem quer começar do zero, fazendo um novo negócio, mas também para as empresas que querem concretizar transformações, reorientar seu foco na direção da sustentabilidade. Nesse caso, é preciso visualizar o ponto em que a empresa está e onde quer chegar; então, surge o caminho que vai ligar esses dois pontos. Como veremos no Capítulo 2, uma estratégia importante de sobrevivência e crescimento dos negócios – portanto, de sua sustentabilidade econômica, e não só – é a cooperação em rede.

A grande importância da pequena empresa

O jornalista americano Steven Solomon estudou, em seu livro *A grande importância da pequena empresa*, o significado econômico e social das micro, pequenas e médias empresas (MPMEs), suas influências no processo de desenvolvimento dos Estados Unidos e a realidade das pequenas unidades empresariais emergentes na órbita de influência dos chamados tigres asiáticos e do Japão. Esses últimos casos revelaram-se como um fenômeno altamente relevante para os novos arranjos interempresariais, principalmente nos casos de subcontratação de peças, componentes e/ou serviços por parte de grandes empresas com pequenas e médias organizações.

O agregado da economia das pequenas e médias empresas (PMEs) constituiria-se, segundo Solomon (1986), em uma espécie de poderosa força complementar para a grande empresa, governo e sindicatos de trabalhadores na economia moderna. O papel destacado das PMEs no cenário atual poderia ser explicado por suas principais funções e virtudes econômicas. As PMEs:

- Facilitam o processo de mudanças estruturais.
- Propiciam o lastro de estabilidade da economia.
- Constituem-se, na realidade, no principal respaldo comercial dos valores do ambiente socioeconômico de livre mercado, no qual se desenvolve toda a atividade econômica da maior parte do mundo.

Por outro lado, as PMEs servem, nos períodos de incertezas e de refluxo das atividades econômicas, de verdadeiros colchões amortecedores dos impactos da crise, tornando mínimos os seus efeitos negativos sobre as grandes empresas. E é justamente por causa dessa característica que se assiste a uma baixa rentabilidade e alta taxa de mortalidade nas empresas de menor porte. Atuam, via de regra, em setores mais tradicionais da economia, como o comércio varejista e serviços em geral. Por outro lado, o papel da pequena e média indústria tem se demonstrado de fundamental relevância, principalmente pelo fato dessas pequenas organizações desempenharem uma função cada vez mais importante nas modernas relações interempresas, o que se traduz no fato de se constituírem como fornecedores e subcontratadas de organizações fabris de grande porte. Entre as características econômicas da pequena empresa destacam-se (Guimarães, 1982; Solomon, 1986):

- A pequena empresa tende a desempenhar atividades com baixa intensidade de capital e com alta intensidade de mão de obra; no Brasil, gera mais da metade dos empregos formais da economia.
- A pequena empresa apresenta melhor desempenho nas atividades que requerem habilidades ou serviços especializados (especialmente nos casos de pro-

dutos ou serviços projetados ou prestados para atender à demanda de um único ou um pequeno grupo de clientes).

- A pequena empresa muitas vezes apresenta bom desempenho em mercados pequenos, isolados, despercebidos ou "imperfeitos". Tal fato ocorre principalmente porque a pequena empresa encontra espaços mercadológicos para progredir nos chamados interstícios ou nichos de mercados locais ou regionais, espaços estes que são deixados pela grande empresa, pelo fato de não se apresentarem como mercados significativos para elas.

- A pequena empresa sobrevive por estar mais perto do mercado e responder rápida e inteligentemente às mudanças que nele ocorrem.

- A pequena empresa muitas vezes sobrevive criando seus próprios meios para contrabalançar as economias de escala.

Um dos mecanismos mais utilizados pelas pequenas empresas têm sido o sistema de franquia (*franchising*), que se expandiu de forma notável já a partir do final dos anos 1950. De qualquer modo, é a cooperação em rede (seja como subcontratadas de grandes empresas, seja em redes virtuais ou aglomerações geográficas com outras pequenas empresas) que garante às PMEs possibilidades de sobrevivência e crescimento. O desenvolvimento das redes de cooperação produtiva, que congregam cooperação e competição, depende de uma ação do Estado contra a centralização econômica tanto nas mãos estatais quanto nas mãos de corporações privadas. Assim, a competitividade e o vínculo local conjugam-se à democracia no sentido de apoio governamental ao experimentalismo desenvolvido nas pequenas empresas, na forma de parcerias descentralizadas entre o público e o privado (Unger, 2010).

As dificuldades de sobrevivência das PMEs, representadas pela alta taxa de mortalidade dessas indústrias logo no primeiro ano de atividade, poderão ser mitigadas por meio de políticas públicas inteligentes, voltadas à promoção das PMEs, como o incentivo a essas empresas de menor porte para se associarem em organizações na forma de sistemas cooperativos (como um guarda-chuva organizacional), que forneçam às empresas serviços comuns de compras, marketing, orientações quanto à exportação, mecanismos de financiamento, e até mesmo locais para a implantação de uma planta piloto (como as chamadas incubadoras industriais). Dessas estratégias de cooperação trataremos no Capítulo 2.

Por ora, cabe frisar duas outras virtudes que as PMEs guardam em relação à sustentabilidade, além da geração de muito mais empregos e dinamização da economia nos nichos não ocupados pelas grandes empresas.

O primeiro ponto a se destacar é a necessidade da geração de inovações para a sustentabilidade, chamadas de ecoinovações. Cabe aqui louvar o papel da pequena indústria na geração de novas tecnologias, principalmente nos casos da criação de incubadoras de empresas e dos parques tecnológicos. Nesse sentido, são extremamente ilustrativos os casos do Vale do Silício na Califórnia e a Rota 128 de Massachusetts (Boston) nos EUA, o conjunto de pequenas firmas de tecnologia de ponta nos arredores de Lyon na França, o desfiladeiro do silício na Escócia, os centros de tecnologia de ponta ao redor de Cambridge na rodovia M4 que sai de Londres, entre outros.

Grandes marcas da atualidade, como Google, Microsoft e Facebook, são a demonstração cabal do papel das pequenas empresas na geração de inovações. Também em Hollywood os grandes estúdios contam com a capacidade de inovação que possuem as pequenas empresas, que são aglomeradas para a criação de novos tipos de efeitos especiais, tecnologias de animação e outras formas de criações audiovisuais.

As pequenas empresas são especialmente eficazes na geração de inovações, pois em virtude de suas estruturas naturalmente enxutas e seus processos minimamente formalizados, elas estão operando de forma permanente nos moldes de laboratórios, realizando experimentos, muitas vezes por tentativas e erros. Nesse contexto ocorre com frequência o aprendizado por experiências (*learning by doing*).

Finalmente, uma grande virtude dos pequenos negócios cooperativos que precisa ser considerada quando pensamos em sustentabilidade é a importância da pequena empresa para o desenvolvimento local, o experimentalismo, a concorrência, a diversidade e a democracia, especialmente quando se dá à pequena empresa oportunidade de alcançar a vanguarda tecnológica e desenvolver as técnicas contemporâneas de gestão e produção. Unger (2001, p. 114) registra a importância histórica da pequena empresa cooperativa:

> por sua capacidade de usar processos flexíveis de produção para atender a necessidades específicas, em vez de processos rígidos para atender a necessidades padronizadas, e por seu esforço para organizar o trabalho de forma a permitir uma

interação mais próxima entre supervisão e execução. Em todos esses aspectos, essas indústrias pioneiras foram precursoras do que desde então se tornou o setor de vanguarda das economias ocidentais avançadas.

Servitização, consumo consciente e indústria criativa

O crescimento do setor de serviços na economia é um dos fenômenos mais notáveis das últimas décadas. Atualmente, os serviços já atingiram 67,4% do PIB nos países desenvolvidos. Nos Estados Unidos, a participação dos serviços no PIB cresceu de 16%, na década de 1960, para 40%, no final da década de 1990. Na União Europeia, a participação relativa do setor de serviços no conjunto da economia de 27 países já superou 70% do PIB.

No Brasil, a tendência também é a servitização. Crescem os bancos, as lojas, as consultorias, as pesquisas tecnológicas, a educação privada, as bolsas de valores – de outro lado, diminuem as indústrias.

De qualquer modo, vale refletir sobre uma célebre consideração do economista americano Theodore Levitt (1925-2006), um dos papas do marketing: "Há apenas indústrias nas quais o componente de prestação de serviços é mais ou menos importante do que outras. Todos nós prestamos serviços" (citado por Albrecht, 1998, p. 1).

É o que vêm provando uma iniciativa da prefeitura de Paris. Um dos casos paradigmáticos de ecoinovação é o Autolib, programa de compartilhamento de carros elétricos (*blue car*). O objetivo é propiciar maior mobilidade urbana, contribuindo com a diminuição do trânsito, da poluição na cidade e para a conservação de energia. A proposta é que o cidadão pague uma assinatura de 10 euros por dia para utilizar um veículo por toda a cidade. Os carros elétricos operam com uma bateria que permite uma autonomia de 250 km e de quatro horas sem necessidade de recarregamento. A ideia do Autolib surgiu como um serviço complementar ao Vélib, programa parecido que já existia para as bicicletas.

Afinal, agora o carro é um produto ou um serviço? Para que servem os produtos? Para tê-los ou para consumi-los?

Essas questões são ligadas a outra ideia: a de consumo consciente. O que é essencial e o que é supérfluo? O que consumimos racionalmente, para satisfazer nossas necessidades (biológicas, sociais, emocionais), e o que consumimos sem pensar, porque "inflamos" nossas reais demandas por produtos e serviços e consumimos na falta de outros sucessos, prazeres, "bens" imateriais que não estamos conseguindo obter?

A sustentabilidade está fundada não só em uma nova maneira de produzir, mas também em inovadoras formas de consumir. Consumo consciente: esse é o lema – precisamos consumir cada vez menos e melhor. Evitar o desperdício. Contudo, como conseguir sobrevivência dos negócios e obter lucro nesse novo cenário?

Como as empresas de ponta do planeta conseguem disponibilizar boa parte de seus serviços gratuitamente, a um clique, e crescerem como gigantes? A valorização da publicidade, dos bens intangíveis (conhecimento, reputação) e dos direitos de propriedade intelectual (marcas, patentes, licenças de uso, etc.) forma a base de sustentação dessa nova economia. Uma economia da inovação.

Também compõe o cenário da nova economia a customização em massa. Se, de um lado, as *commodities* (mercadorias pouco diferenciadas, em estado bruto, geralmente produtos agrícolas) têm pouco valor agregado, a outra face da moeda é a customização em massa. Produzir grandes quantidades, mas também grande variedade, para cobrir os diversos segmentos do mercado e as preferências de cada cliente (*customer*): cor, formato, tamanho, etc.

Cada vez mais se busca agregar valor nos elos finais da cadeia, aqueles mais perto do consumidor. Uma loja bem arejada, uma música agradável ao fundo, um atendimento atencioso, enfim, os serviços implícitos. Boa parte desses serviços pode vir associada a uma imagem sustentável, verde, desde que a aparência da loja corresponda à realidade de toda a cadeia produtiva.

Faça uma lista dos bens ou serviços de que você mais gosta. Com certeza, boa parte da produção que gostamos de consumir pode ser classificada como proveniente da indústria criativa. Dos desenhos animados, filmes e novelas à internet, da música, do turismo e da fotografia à moda, dos quadros ao teatro, shows e concertos... A lista é infindável.

Se, com a forte tendência de servitização, os setores da agropecuária e da indústria encolhem sua participação na economia, é certo que o que entendemos por indústria criativa só tende a se expandir. O resgate da criatividade deverá nortear muitos setores da economia, envolvendo a produção e a distribuição de bens e serviços centrados nas artes e na cultura, com conteúdo criativo. Seus bens (produtos tangíveis) ou serviços (intangíveis) utilizam o conhecimento, a criatividade e o capital intelectual como insumos primários.

Diria que a indústria criativa é a indústria do futuro. E para essa indústria surgem novas formas de ser sustentável, do ponto de vista econômico, social, ambiental, cultural, etc. Uma dessas formas é a cooperação e a aglomeração, de modo a criar eficiências coletivas: Hollywood, por exemplo, pode ser entendida como um *cluster*, uma aglomeração de empresas cinematográficas em uma dada área. Perto umas das outras, criam uma cultura própria no local, compartilham infraestrutura e associam-se para defender seus interesses quando necessário.

A indústria criativa também nos abre os olhos para uma outra face da sustentabilidade: a sustentabilidade cultural ou sociocultural. Em um mundo diverso, é preciso cada vez mais incorporar referências das múltiplas culturas, ajudando-as a sobreviver e ao mesmo tempo dando-lhes autonomia para seguir seu destino. Nem os produtos culturais podem mais continuar a ser massificados. As grandes indústrias culturais vão tendo de lidar com consumidores de diversas partes do mundo que querem "se ver na tevê". Em outros espaços, floresce a prática local, o artesanato, por exemplo, que também vem se associando na forma de rede para, cooperando, poder competir.

Os negócios sociais

Em 1974, Bangladesh foi afetado por uma grave "pandemia" de fome. O economista bengali Muhammad Yunus voltava dos Estados Unidos, após um período de estudos por lá. Ao ver seu país naquele estado, pensou em uma solução. Até que, dois anos mais tarde, conversou com alguém que fazia bancos de bambu em um vilarejo. A mulher contou que tomara empréstimo de um agiota para viabilizar sua pequena produção, mas reclamou que ele ficava com boa parte de seus já diminutos lucros. Yunus constatou a mesma situação com pouco mais de 42 moradores. Emprestou 27 dólares para cada um e lhes disse para pagarem quando pudessem. Todos pagaram.

Assim nasceu o conceito do Grameen Bank (Banco da Aldeia), o primeiro banco do mundo especializado em microcrédito – ou seja, em conceder empréstimos de pequeno vulto a pessoas pobres, microempreendedores formais e informais, atuais ou potenciais, nos quais o sistema financeiro "normal" não tem interesse. O banco oferece microcrédito sem necessidade de garantia à população mais pobre de Bangladesh. O índice de inadimplência não passa de 2%. Quase todos os mutuários são mulheres (97%). Quase todas as ações do banco pertencem a seus mutuários; o restante é do governo. Sem exigir garantias, o Grameen Bank empresta inclusive para mendigos, que assim podem iniciar pequenos negócios e recuperar sua dignidade e autonomia. O microcrédito impulsiona o empreendedorismo e gera o autoemprego. As taxas de juros cobrem apenas os custos dos recursos e do serviço. O banco propicia condições especiais para que seus mutuários coloquem os filhos na escola, e os jovens assumem o compromisso de não buscarem empregos quando se formarem, mas sim tornarem-se empreendedores que ofertarão postos de trabalho. Milhões de pessoas saíram da pobreza em Bangladesh graças ao Grameen e ao empreendedorismo social que fomentou. Hoje, o modelo do Grameen Bank foi copiado nos cinco continentes e ajuda mais de 150 milhões de famílias. Além do Grammen Bank, desde 2005 várias empresas Grameen foram fundadas em *joint ventures* com multinacionais como Danone, Basf, Intel e Adidas (Yunus, 2000; 2010).

O Grameen Bank e Mohammad Yunus, "o banqueiro dos pobres", tornaram-se referência mundial e sua experiência foi multiplicada em muitos países. Ambos foram contemplados em 2006 pelo Prêmio Nobel. Da Economia? Não, da Paz. Salvo engano, conhecimento é o único bem que se multiplica quando é dividido. Yunus fez algo semelhante com o dinheiro e os negócios. Propôs e praticou então uma nova espécie de negócio: o negócio social (Yunus, 2010).

O negócio social é uma empresa voltada a resolver problemas sociais – alimentação, saúde, educação, moradia, meio ambiente saudável, vestuário, tecnologia e outros bens e serviços aos quais as pessoas pobres não têm acesso. É "social" porque está voltado para a resolução de problemas graves de uma coletividade, e não direcionado à geração de lucros para acionistas. Em um negócio social não há distribuição de lucros: o investidor pode apenas retirar a quantia que investiu inicialmente, sem qualquer juros ou correção monetária. Todo o excedente gerado pelo negócio é reinvestido na manutenção e expansão do próprio negócio. Por isso, o negócio social precisa ser autossustentável, no mínimo cobrindo as despesas que gera. Não pode gerar perdas, assim como não pagar dividendos. As fontes de financiamento do negócio social podem ser variadas: em geral começam com um "capital semente" do próprio bolso do empreendedor, mas podem receber parte dos fundos que as pessoas privadas, fundações, empresas e governos destinam a instituições filantrópicas ou a programas sociais e projetos de responsabilidade social. No futuro, Yunus (2010, p. 173) prevê a criação de um mercado de ações específico dos negócios sociais. Como não busca o lucro, mas apenas sua sustentabilidade financeira, o negócio social pode oferecer bens e serviços que não são oferecidos pelas empresas tradicionais, pode gerar mais empregos do que elas gerariam e chegar a consumidores cuja renda não lhes permitiria comprar aquilo que o negócio social está oferecendo a um preço muito reduzido e adaptado ao mercado local. O negócio social torna empreendedores pessoas que eram dependentes, mas que possuíam planos e habilidades capazes de torná-las criativas e produtivas.

Assim, negócios sociais não são fundações, estas não desenvolvem atividade empresarial e não precisam ser autossustentáveis financeiramente; já os negócios sociais precisam sobreviver por meio de seus produtos. Também não são instituições filantrópicas ou ONGs: os negócios sociais "reciclam" indefinidamente o dinheiro "investido" e levam o mercado de bens e serviços a pessoas e regiões que antes estavam excluídas do mercado consumidor (e de trabalho). Ao contrário de instituições filantrópicas, necessárias para situações urgentes e pessoas que não podem ser integradas como empreendedoras ou trabalhadoras, os negócios sociais buscam resultados sustentáveis de longo prazo. Os negócios sociais também não se confundem com cooperativas, que buscam obter lucro e beneficiar seus membros-acionistas.

Yunus (2010, p. 19-20) discerne dois tipos de negócio social. O tipo I é uma empresa que tem receitas e despesas equilibradas, sem perdas nem dividendos, e se dedica a resolver um problema social. As empresas Grameen criadas em parcerias com multinacionais são desse tipo – a Grameen Danone busca resolver o problema da subnutrição infantil vendendo iogurtes enriquecidos com nutrientes a um preço acessível; a Grameen Veolia vende água potável; a Basf Grameen vende mosquiteiros tratados para impedir a transmissão de doenças. Nessas *joint ventures*, as grandes empresas não apenas destinam parte de seus lucros a um projeto social; elas entram sobretudo com seu *know-how* em termos de produção, distribuição, marketing e inovação. O negócio social de tipo II é uma empresa comum (ou uma cooperativa), de fins lucrativos, mas de propriedade de pessoas pobres, diretamente ou por meio de um fundo especial destinado a atender famílias desfavorecidas de certa comunidade; os lucros recebidos servem, por definição, para aliviar a pobreza.

O negócio social opera em termos de mercado e concorrência, busca eficiência e inovação. Contrata com salários de mercado e concorre com as empresas normais na busca de recursos, pessoas e consumidores. Contudo, deve oferecer condições de trabalho melhores que as usuais e ser ambientalmente responsável. Por princípio, o negócio social também não pode gerar riscos desnecessários – o que significa cuidados desde a segurança no trabalho até o controle da poluição; deve ainda diminuir riscos e facilitar a vida, sobretudo de seus clientes. Assim, Yunus (2010, p. 30-5) defende que se mantenham separados os negócios convencionais e os negócios sociais, porque a concorrência entre os dois objetivos – gerar lucros ou resolver um problema social – obscureceria os modelos mentais, as estratégias e os diferentes planos de negócio que cada tipo de atividade demanda. Um negócio social exige soluções diferentes: para cobrir os custos e gerar excedente que financie a expansão da empresa, não vale a opção de cortar salários ou benefícios dos empregados; é preciso achar outra forma de reduzir custos. Para oferecer um produto barato, não se pode reduzir a qualidade ou segurança. Diante de crises, é preciso reinventar sistemas de vendas e distribuição, redesenhar modelos de negócios, introduzir novos produtos e chegar a novos clientes. O modelo de um negócio social pode ser copiado e adaptado de negócios lucrativos ou sociais já existentes – basta buscar as melhores práticas. Outra opção é se pensar em "franquias sociais" que ampliem um projeto piloto que deu certo. Desde a concepção do modelo de negócio, é preciso ter em mente o objetivo e o produto por meio do qual se chegará à solução daquele problema social determinado.

Para cada problema social específico, um negócio específico. O lema do negócio social é: começar pequeno, mas começar já. Seus princípios: pragmatismo, abertura e experimentação. Entre os possíveis objetivos eleitos para um negócio social estão: melhorar a produção (por capacitação e acesso à tecnologia) e o acesso a mercados (p. ex., com melhorias de infraestrutura); gerar empregos e incentivar o empreendedorismo; ajudar os consumidores, dando-lhes acesso a mais e melhores produtos; proporcionar estabilidade, tirando os pobres de situações de vulnerabilidade e do limite da subsistência, situações em que o consumo e a produção não funcionam. Todos esses objetivos mobilizam uma ampla rede de parceiros e colaboradores do negócio. Entre esses parceiros estão: outros negócios sociais, empresas de vários portes, ONGs e entidades beneficentes, investidores, parceiros no desenvolvimento e acesso à tecnologia, recursos humanos e estratégias produtivas, e parceiros de monitoramento, que acompanham o impacto social do negócio para sua renovação consciente conforme as demandas.

Toda a cadeia produtiva e todas as decisões sobre o negócio social – de sua concepção à implantação e operação cotidiana – são pautadas pela lógica da sustentabilidade. Em vez de grandes fábricas, indústrias menores que exigem menor investimento e menores custos de estoque, além de se manterem próximas aos fornecedores e consumidores, revitalizando o desenvolvimento econômico local. Em vez de estratégias padronizadas, é preciso buscar contato e entendimento com a cultura local, dialogando para superar barreiras e preconceitos, engajando a população no negócio. Muitas vezes é preciso criar uma "contracultura" do negócio social. Outra estratégia interessante dos negócios sociais são os "subsídios cruzados": buscando diversificar seus mercados consumidores, o negócio social pode vender mais barato para populações com menor poder aquisitivo (p. ex., em zonas rurais) e um pouco mais caro para outro público – um mercado subsidia o outro.

O negócio social, um empreendedorismo sustentável que pode ser liderado por pessoas, empresas e governos, exige que se adicione ao plano de negócio algumas questões adicionais àquelas que já tratamos. São elas (Yunus, 2010, p. 104):

- Qual é o objetivo social: a quem você espera ajudar com seu negócio social?
- Quais os benefícios sociais que pretende oferecer?
- Como os beneficiários do negócio participarão do planejamento e da execução?
- Como será medido o impacto do negócio? Quais são as metas para os primeiros 6 meses, 1 ano, 3 anos?
- Se o negócio for bem-sucedido, como poderá ser replicado e expandido?
- Existem benefícios adicionais que podem ser acrescidos ao pacote de ofertas?

EXERCÍCIOS

1) Cite e comente os principais problemas mundiais e de que forma os conceitos de sustentabilidade devem ser utilizados na perspectiva de soluções de tais problemas.

2) O que significa o conceito de "obsolescência programada"? Cite alguns exemplos de sua experiência enquanto consumidor/usuário. De que forma essa obsolescência vem orientando a lógica dos projetos de produtos manufaturados? Na sua opinião, esse conceito deverá permanecer como "filosofia" de produção industrial?

3) Defina e ilustre o conceito de "externalidades" relacionado aos sistemas de produção. Comente a seguinte frase que sintetiza os desafios da sustentabilidade: "gerar externalidades positivas, neutralizar as externalidades negativas".

4) Discuta os diferentes pontos de vista da abordagem da "economia do meio ambiente" em relação à "economia ecológica". Procure ilustrar sua resposta com exemplos de estratégias e ações por parte de empresas.

5) Apresente e discuta o termo "econegócios" e cite alguns exemplos de casos reais em diferentes setores da economia atual.

2 | Redes de cooperação e ecoinovação

INTRODUÇÃO

A sustentabilidade forma um novo cenário, que amplia as possibilidades de negócio, suas estratégias, tecnologias e ferramentas de gestão. Nesse cenário, como estratégia competitiva e modelo de organização, atuam as redes de cooperação produtiva. A criação e exploração dos novos nichos de mercado demanda inovação: em produtos, processos produtivos, formas de acesso a matérias-primas e a consumidores. Sobretudo, requer inovação nas formas de organização empresarial – entre essas formas, os diversos tipos de redes de cooperação interorganizacionais. Neste capítulo, veremos como conjugar as três palavras-chave da dinâmica econômica contemporânea: cooperação, inovação e sustentabilidade.

DA CORRESPONSABILIDADE À COOPERAÇÃO

Embora conte com antecedentes mais longínquos, a sustentabilidade tem suas origens nas experiências de reflexão e prática ecológica da década de 1960 e nas primeiras investigações que apontaram o desequilíbrio entre a produção agrícola e a preservação do meio ambiente natural. A partir da deflagração do tema ambiental nas agendas dos movimentos sociais, ele tomou corpo no campo das organizações internacionais, notadamente na esfera da Organização das Nações Unidas (ONU), em cujo seio formou-se um consenso inquebrantável há quatro décadas – a preservação do meio ambiente, em sua conjugação ao desenvolvimento econômico, requer uma coordenação de atores com diversos níveis de poder, âmbitos de atuação e esferas geográficas de influência: cidadãos, Estados, organizações internacionais, supranacionais e transnacionais, grandes corporações, pequenas e médias empresas, organizações não governamentais (ONGs), movimentos sociais e quaisquer outros atores que se disponham ou sejam compelidos a atuar nesse cenário. A corresponsabilidade dos diversos Estados, organizações privadas e pessoas acentua-se na análise das causas dos problemas ambientais. Na outra ponta, a da solução desses problemas, a cooperação é que tece a rede na qual coordenam-se as operações simultâneas e os esforços paralelos das pessoas e organizações – não só simultâneas, mas também mutuamente influenciadas e propelidas umas pelas outras.

Se meio ou meio ambiente é tudo o que se coloca ao redor de um ponto de referência (meio ambiente natural – físico, químico, biológico –, meio ambiente cultural, meio social), o pensamento sobre meio ambiente coloca a empresa em uma posição na qual ela deve mirar não só os produtos e serviços que geram e os lucros daí advindos, mas visualizar-se como um centro no qual se ligam sistemicamente mercado de mão de obra e mercado consumidor, fornecedores e compradores, elementos sistemicamente vinculados da cadeia produtiva, da matéria-prima à embalagem, dos trabalhadores aos consumidores. As externalidades negativas geradas ao longo da teia de produção e consumo vão muito além da poluição atmosférica e cobrem impactos sociais e culturais, desrespeito a direitos individuais e coletivos. Essa visualização ampla do horizonte em que atuam as empresas – micro, pequenas, médias e grandes – aumenta as oportunidades de se desenvolverem reduções de custos e aumento de lucros nas diversas dimensões dessa cadeia produtiva – que por ser já tão ampla e envolver tantos ângulos configura-se mais como uma rede de produção.

"É óbvio que uma empresa não vai querer ajudar sua concorrente". É mesmo? Nem sempre. Uma das grandes estratégias de competição é a cooperação. Por mais paradoxal que seja a ideia, a prática é bem convincente. As redes de cooperação produtiva podem ser construídas por diversos atores:

- Empresas concorrentes: por exemplo, em uma *joint venture*, quando empresas compartilham um mesmo projeto.

- Empresas complementares: quando se terceiriza certa atividade; é o caso de uma multinacional automobilística que compra autopeças de pequenas empresas, as quais atuam como fornecedores.

- Universidades e institutos de pesquisa, que podem transbordar suas inovações (*spillover* tecnológico) para nanoempresas de ponta.

- Estado: governos nacional, estaduais, municipais, por meio de secretarias e agências especializadas.

- Sindicatos, associações de produtores e consumidores, ONGs etc.

Como se vê, principalmente nos novos mercados sustentáveis, uma gigante transnacional pode precisar dos serviços de uma nanoempresa de tecnologia de energia limpa ou contratar uma cooperativa de reciclagem, que também pode prestar serviços para a prefeitura local, com financiamento do banco estadual, a juros favoráveis para negócios ambientalmente responsáveis.

Com a expansão gerada pela economia verde, que cria novos mercados para novos negócios, parece haver muito mais espaço para todas as formas de organização da atividade econômica (da empresa global à economia solidária local). Muitas vezes, atuar em conjunto é uma forma de sobreviver e de lucrar mais do que atuar isoladamente.

Para que construir uma rede de cooperação produtiva ou nela tomar parte? Eis algumas vantagens (Amato Neto, 2000):

- Combinar competências e utilizar *know-how* de outras empresas.

- Dividir o ônus de realizar pesquisas tecnológicas, compartilhando o desenvolvimento de produtos e processos e os conhecimentos adquiridos.

- Partilhar riscos e custos de explorar novas oportunidades, realizando experiências em conjunto.

- Oferecer uma linha de produtos de qualidade superior e mais diversificada.

- Exercer uma pressão maior no mercado, aumentando a força competitiva em benefício do cliente.

- Compartilhar recursos, com especial destaque aos que estão sendo subutilizados.

- Fortalecer o poder de compra com fornecedores.

- Obter mais força para atuar nos mercados internacionais.

As redes de cooperação podem tomar diversas formas e funcionar com parques tecnológicos e incubadoras de empresas. É comum que pequenas empresas (ou até mesmo *nanoempresas*) de alta tecnologia se formem em regiões próximas a grandes centros tecnológicos e universidades, que "derramam" (*spillover*) suas inovações para a criação de novos produtos e negócios. Assim é que se formou o Vale do Silício, na Califórnia, onde surgiram algumas pequenas empresas, como Microsoft, Apple, Google e tantas outras.

Além de fazerem parte da rede de fornecedores de uma grande empresa (redes de subcontratação) ou serem franqueadas de um grande negócio, as micro, pequenas e médias podem criar redes de cooperação entre si, construindo instituições que promovem trocas de experiências, cursos e treinamentos, as representam diante do Poder Público e da sociedade e potencializam a "eficiência coletiva" (Schmitz, 1989).

Quando micro, pequenas e/ou médias empresas de um mesmo setor concentram-se em certa localidade, formam os *clusters* regionais, arranjos produtivos locais ou sistemas locais de produção e inovação (Amato Neto, 2009). Esses arranjos cooperativos também são possíveis entre cooperativas. Assim é que alguns produtores de artesanato ou de frutas no sertão brasileiro juntaram-se e hoje conseguem vender seus produtos em mercados de todo o mundo (Amato Neto, 2006). De fato, a união faz a força.

A própria criação e o desenvolvimento de um aglomerado de empresas dependem de um ambiente sustentável de negócios. Assim, podemos apontar algumas forças que afastam a instalação dessas empresas em um sistema local de produção – são forças centrífugas, que conformam um ambiente insustentável do qual os negócios fogem; por exemplo: a presença de externalidades negativas e deseconomias de escala (quando os investimentos para a ampliação do negócio acabam por prejudicá-lo), como poluição, congestionamentos, alto preço dos imóveis em decorrência da especulação, saturação da localidade ou região por uma mesma atividade produtiva; a "guerra fiscal", que expulsa novos investimentos no local; a falta de insumos estratégicos, como mão de obra especializada, matérias-primas essenciais, energia, água etc. De outro lado, há forças que atraem os negócios, forças centrípetas, como: boa infraestrutura logística e de comunicação; potencial de crescimento do sistema local de produção; incentivos fiscais; externalidades positivas, vantagens ambientais pelas quais as empresas não precisam pagar (Amato Neto e Garcia, 2003, p. 3).

A estratégia local nunca foi tão global. Daí é que, no lugar da palavra globalização, surgiu a ideia de glocalização, cujo lema é "agir localmente, pensar globalmente". Esse lema é essencial para a sustentabilidade. Qualquer negócio que queira prosperar precisa pensar no seu meio, na comunidade que o cerca, nas vantagens que dela pode extrair e que a ela pode levar.

Muitas vezes, a rede de cooperação é virtual. Utilizando tecnologias como a internet, criam-se verdadeiras redes globais de cooperação (Amato Neto, 2005). Assim, alavanca-se a competitividade de cada parceiro e até pequenas empresas podem ganhar condições de atuar no mercado mundial, mesmo com uma sede pequena ou mesmo sem uma sede física – como uma empresa virtual.

Os negócios *glocais* parecem ser mesmo os mais sustentáveis. Algumas vantagens que podem estar presentes são:

- Geração de empregos localmente ou em vários países.
- Busca, em todo o mundo, dos melhores fornecedores segundo critérios de preço, qualidade e sustentabilidade (*globalsourcing*).
- Ampliação do potencial de vendas, podendo-se atingir um mercado consumidor espalhado em todo o mundo.

O empreendedorismo em rede pode se desenvolver de várias maneiras. Algumas das formas de se organizar e compartilhar infraestrutura são as incubadoras de empresas, os parques tecnológicos e os ecoparques.

As dificuldades para criar e manter um negócio podem ser mitigadas quando as empresas de menor porte se associam em organizações na forma de sistemas cooperativos. Assim, constroem uma espécie de guarda-chuva organizacional, que fornece às empresas serviços comuns de compras, marketing, orientações quanto à exportação, mecanismos de financiamento, e até mesmo locais para a implantação de uma planta-piloto. É o que acontece com os parques tecnológicos.

O mesmo ocorre nas incubadoras de empresas. O termo incubadora traduz exatamente a ideia de um ambiente controlado para amparar a vida. Assim como em uma fazenda, onde as incubadoras são usadas para manter um ambiente aquecido para a incubação de ovos, ou em um hospital, onde o recém-nascido prematuro pode ficar algumas horas ou semanas numa incubadora que fornecerá apoio adicional durante o primeiro período crítico de vida. No contexto do desenvolvimento econômico, as incubadoras existem para apoiar a transformação de empreendedores potenciais em empresas crescentes e lucrativas.

Um novo conceito na mesma linha dos anteriores são os ecoparques. Um parque ecoindustrial, como definiu o Conselho dos Estados Unidos para o Desenvolvimento Sustentável, "é uma comunidade de negócios que cooperam entre si e com a sociedade local para compartilhar recursos de forma eficiente (informação, energia, água, materiais, infraestruturas e recursos naturais) levando a ganhos econômicos, ganhos na qualidade do meio ambiente, e à equidade dos recursos humanos nos negócios e na comunidade local" (US President's Council on Sustainable Development, 1997).

No sentido de conjugar as vantagens competitivas das aglomerações de empresas às potencialidades ambientais que estes podem gerar, surgiu o conceito de simbiose industrial. Esta é definida como o engajamento de indústrias originalmente isoladas em uma formação coletiva, em busca de vantagens competitivas da proximidade geográfica, por meio da troca física de materiais, energia, água e subprodutos (Chertow, 2000, p. 314). A origem desse conceito está nas ideias de Frosch e Gallopoulos (1989), que vislumbraram ecossistemas industriais que otimizassem o consumo de energia e matéria, de modo que os resíduos gerados por um processo produtivo fossem logo incorporados como matéria-prima para outro processo, fechando o ciclo.

ECOINOVAÇÃO

Em 1848, Karl Marx (1818-1883) e Friedrich Engels (1820-1895) disseram que o capitalismo só pode existir se "revolucionar incessantemente os instrumentos de produção, por conseguinte as relações de produção e, com isso, todas as relações sociais" (Marx e Engels, 2006, p. 14). A produção sustentável parece ser, assim, a mais recente revolução.

Um mês antes de Marx falecer, nasceu o já citado economista Joseph Schumpeter (1883-1950), que pensou, a partir das ideias do falecido, o conceito de destruição criativa. Ensinou que inovar não é só criar um novo produto ou aperfeiçoá-lo, mas também criar um novo método de produção, abrir um novo mercado, conquistar uma nova fonte de mão de obra ou de matérias-primas, criar uma nova forma de organização dos negócios (Schumpeter, 1997, p. 76).

Exemplifiquemos isso nos termos da revolução sustentável:

- Novos bens: os produtos ecológicos, eletroeletrônicos que consomem menos energia, carros movidos a combustíveis menos poluentes, agricultura orgânica.
- Novos métodos de produção: manejo sustentável dos recursos, geração de menos resíduos a cada etapa da transformação.
- Novos mercados: os chamados mercados verdes, abertos pelas novas fases do processo produtivo, como a remanufatura e a reciclagem.
- Novas fontes de matérias-primas e mão de obra: entender os resíduos como matérias-primas para uma nova produção, buscar como mão de obra parceiros que desenvolvem atividades extrativas e de manejo sustentável.
- Novas formas de organização empresarial: redes de cooperação produtiva, arranjos locais, organizações virtuais, envolvendo corporações transnacionais, micro, pequenas e médias empresas, cooperativas etc.

A dinâmica da inovação é o que define o processo de concorrência na economia atual. A Figura 2.1 busca aclarar tal relação.

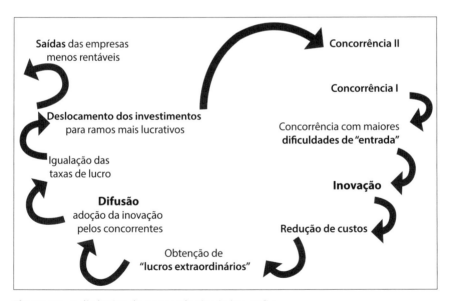

Figura 2.1: A dinâmica da concorrência via inovação.
Fonte: adaptada de Rattner (1980).

A partir de um estágio de concorrência em um dado mercado (nível de concorrência I), as empresas estabelecidas vão criando maiores dificuldades e impondo barreiras à entrada de novos competidores, seja pelo domínio de uma dada tecnologia de produto ou de processo (*barreira tecnológica*), ou pelo fato de que a entrada nesse mercado específico exige um elevado aporte de capital para viabilizar uma dada economia de escala (*barreira de caráter financeiro*), seja pelo domínio de alguns atributos de caráter mercadológico (domínio de canais de distribuição, estratégias de marca, propaganda etc.), ou até mesmo pela existência de alguma *barreira institucional*, decorrente, por exemplo, do papel regulatório do Estado específico em vários mercados, como os de alimentos, medicamentos, telecomunicações e petroquímico.

A adoção de uma inovação (no sentido schumpeteriano) por parte de uma empresa cria certa instabilidade nesse processo de concorrência, e tal fato permite à empresa inovadora lograr a obtenção dos chamados lucros extraordinários (ou lucros schumpeterianos), que se traduzem como uma premiação pelo seu caráter inovador. Como consequência, essa empresa salta à frente de seus competidores.

Porém, passado um período de tempo, a tendência é que aquela inovação não fique restrita a apenas uma empresa e os concorrentes passem a adotar também a novidade. Trata-se, portanto, do momento de difusão daquela inovação, que elimina a condição privilegiada da empresa inovadora e seus lucros extraordinários. Em decorrência disso, a tendência é de igualação nas taxas de lucro entre as empresas desse mercado. Nesse momento do processo de concorrência podem ocorrer saídas do mercado de empresas menos competitivas (aquelas que não conseguiram adotar tal inovação), além de deslocamento dos novos investimentos das empresas inovadoras para mercados mais rentáveis, iniciando-se, assim, um novo ciclo de concorrência em um novo patamar (nível de concorrência II). Nesse novo patamar, em geral, as empresas deverão concorrer em mercados mais concentrados.

As ecoinovações são inovações que incorporam a sustentabilidade econômica, ambiental e social desde a concepção dos produtos e processos nas atividades de pesquisa e desenvolvimento até a comercialização e o pós-venda. Podem ser transformações graduais e contínuas (mudanças incrementais) ou verdadeiras revoluções na tecnologia ou na gestão dos negócios (mudanças radicais).

Podemos criar inovações para a sustentabilidade de três formas:

- Adicionando componentes ao sistema convencional: por exemplo, filtros para redução da poluição.

- Fazendo mudanças nos subsistemas: as mudanças dos subsistemas podem trazer melhorias no curto prazo, mas não alteram, na sua essência, a estrutura dos sistemas produtivos, tampouco os padrões de comportamento dos agentes ao longo de toda a cadeia de valor. É o caso das melhorias na eficiência no uso de energia, água e materiais na manufatura; das máquinas de lavar roupa com baixo consumo de água; de dispositivos para diminuir o consumo de energia em residências.

- Mudando os sistemas: redesenhando todo um sistema (processo produtivo, produto, método de vendas) para torná-los mais (eco)eficientes. É o caso da mudança de um sistema de produção linear, com geração de desperdícios e resíduos (poluição), para um sistema circular de produção, no qual os desperdícios seriam incorporados novamente ao sistema como recursos. Tal estratégia também abrange a noção de sistemas abertos, em que seriam gerados produtos biodegradáveis (ou reutilizáveis), caso em que os recursos originalmente tirados do meio ambiente retornam à natureza.

Diz um provérbio chinês que "uma imagem vale mais que mil palavras". Podemos dizer também que um exemplo de aplicação prática vale por muitos conceitos, principalmente quando falamos de ecoinovações em produtos e serviços.

Se há um século Henry Ford inovou com seu conceito de linha de produção – uma visão linear, eficiente e revolucionária para a época –, hoje sua empresa amplia os horizontes rumo à produção circular e sustentável. É o caso do Modelo U da Ford. Trata-se de um carro projetado para utilizar energia renovável e para ser desmontado. Suas peças e seus componentes de metal e de polímeros são recuperados e reciclados para posterior remanufatura, com qualidade semelhante ou até superior à das peças originais.

Uma das indústrias com maiores desafios para a economia de materiais e de geração de resíduos é a da construção civil. Mas também nesse campo há inúmeras inovações ao redor do mundo. No Japão, desenvolveu-se um ecocimento produzido a partir das cinzas de incinerações de lixo. Assim, foi prolongada a vida de aterros com problemas de deposição do lixo e conseguiu-se uma fonte de recursos mais barata para fazer cimento. Já a Universidade Tecnológica Federal do Paraná criou um escritório verde, revestido acústica e termicamente com mantas feitas de garrafas PET recicladas ou pneus reciclados; com teto coberto por vegetação nativa (o que diminui o calor), sistema de coleta de água da chuva para os banheiros e a limpeza, iluminação por lâmpadas de LED de alta eficiência (excelente durabilidade e baixíssimo consumo de energia); entre outras novidades.

As ecoinovações podem ser criadas com elementos muitos próximos e resolver problemas muito cotidianos. As oportunidades para inovar podem estar aqui do lado, bem mais perto do que pensamos...

Lembremos que as mudanças referentes à inovação podem ser classificadas em dois tipos:

- Mudança incremental: gradual e contínua, preservando e sustentando o sistema de produção.
- Mudança radical: descontínua, visa substituir componentes ou sistemas já existentes por novos.

Na perspectiva da economia evolucionária (Schumpeter e neoschumpeterianos), a inovação surge por meio de um processo sistêmico baseado na interconexão entre diversos atores e sob a influência de fatores internos e externos à firma. Além disso, em função de sua natureza sistêmica, cabe explorar as múltiplas dimensões relativas ao processo de inovação, analisando-se suas causas e efeitos.

No caso particular da ecoinovação, há diversas dimensões a se considerar: primeiro, a dimensão do design (projeto do produto e do processo produtivo); segundo, a perspectiva do usuário, terceiro, a perspectiva do serviço e, finalmente, o papel da governança (Carrillo-Hermosilla et al., 2009).

A dimensão do projeto do produto e do processo produtivo (design), reconhecida como a chave da produtividade e da lucratividade, constitui-se também na janela de oportunidades para se atingir melhorias socioambientais. Em seus estágios iniciais, a escolha correta dos materiais, processos e fontes de energia deverá impactar o produto final em todo o seu ciclo de vida. Assim, a integração dos requisitos ambientais no projeto do produto e do respectivo processo produtivo é uma tendência recente em todo o mundo, conhecida como *design for the environment* (DfE, ou desenho para o meio ambiente), ecodesign ou, ainda, *life-cycle design* (desenho do ciclo de vida).

Enquanto ações de prevenção da poluição, produção mais limpa e ecoeficiência privilegiam o *DfE* como abordagem na minimização de impactos negativos ao meio ambiente, a gestão ecoeficiente tem sido concebida como perspectiva alternativa que, contrastando com a primeira, abrange também os aspectos positivos sobre o meio ambiente.

De fato, na perspectiva do meio-ambiente, é possível se distinguir duas diferentes perspectivas da inovação (Carrillo-Hermosilla et al., 2009):

- A primeira perspectiva considera as ações humanas incompatíveis com o ambiente natural, referindo-se aos impactos negativos nos sistemas construídos pelo homem (human-made systems), como a agricultura, a produção industrial e os sistemas de transportes. Aqui, a gestão ambiental deve focalizar a minimização dos impactos sobre o meio ambiente.

- A segunda perspectiva considera as ações humanas incompatíveis como falhas de projeto (design failures) e, assim, busca focalizar ações no redesenho dos sistemas construídos pelo homem, no sentido de se obter impactos positivos sobre o meio ambiente e a sociedade, como remediação da poluição do ar e da terra, ou do reflorestamento de áreas que sofreram desertificação.

Com base nessas duas perspectivas, propõe-se construir um modelo (design framework) para ecoinovação (Carrillo-Hermosilla et al., 2009): as inovações radicais e incrementais estão localizadas no eixo horizontal, enquanto os impactos negativos e positivos encontram-se no eixo vertical. Tal modelo propõe que o redesenho voltado a impactos positivos combinado com mudanças (inovações) radicais pode levar, na melhor das hipóteses, à real sustentabilidade, em termos ecológico, social e econômico. Mais especificamente, três estratégias principais devem ser consideradas nesse modelo proposto por Carrillo-Hermosilla et al. (2009): adição de componentes (ao sistema convencional), mudanças no subsistema e mudanças no sistema.

A adição de componentes refere-se ao desenvolvimento ou adição de elementos aos sistemas convencionais para melhorar a qualidade do meio ambiente, como a utilização de tecnologias "fim de tubo" (filtros, exaustores etc.). Trata-se de uma solução parcial que visa minimizar ou reparar impactos negativos, sem necessariamente mudar o processo ou o sistema que gera o problema. Por exemplo, na indústria automobilística a adoção dos conversores catalíticos reduz a toxidade das emissões de óxido e monóxido de nitrogênio e de hidrocarbonetos nos motores de combustão interna; por outro lado, tal dispositivo aumenta o consumo de combustível e a emissão de CO_2, um dos principais fatores que provocam mudanças climáticas. Em outros termos, tal estratégia significa adoção de medidas paliativas para se "ganhar tempo" até que tecnologias limpas possam substituí-la.

Quanto à mudança no subsistema: tal estratégia visa aprimorar o desempenho ambiental por meio de mudanças em subsistemas, aumentando a eficiência de aproveitamento de recursos em geral e produzindo volumes menores de desperdícios e de poluição. Essa abordagem cristaliza-se no termo ecoeficiência (produzir mais bens com menor utilização de matérias-primas, menor consumo de energia, menor geração de substâncias tóxicas etc.). Como exemplo, citam-se melhorias nas usinas de geração de energia e nos sistemas automotores. A indústria automobilística tem desenvolvido, nos últimos anos, esforços para melhorar a eficiência do motor à combustão interna, tendo em vista gerar economias de combustível. Entretanto, ao mesmo tempo, o número de veículos produzidos e em circulação nos grandes centros urbanos, assim como o consumo de combustíveis fósseis tem crescido de forma significativa e continuam a provocar sérios danos ambientais. Portanto, as mudanças dos subsistemas podem trazer melhorias no curto prazo, mas não alteram, na sua essência, a estrutura dos sistemas produtivos, tampouco os padrões de comportamento dos agentes ao longo de toda a cadeia de valor.

Finalmente, há a mudança no sistema, ou redesenho do sistema. Trata-se de uma proposta mais radical de mudanças no sistema e seus componentes, assim como nos subsistemas, considerando tanto os impactos negativos quanto os positivos sobre o ecossistema. Tal proposta, baseada na analogia entre o sistema natural (biológico) e o sistema sociotécnico (produção industrial), fundamenta-se nos princípios da **ecologia industrial**. Visa-se, assim, a mudança de um sistema de produção linear, com geração de desperdícios e resíduos (poluição), para um sistema circular de produção, em que os desperdícios seriam incorporados novamente ao sistema como recursos. Tal estratégia também abrange a noção de **sistemas abertos**, em que seriam gerados produtos biodegradáveis (ou reutilizáveis); os recursos retornam ao meio natural. Como exemplo dessa abordagem na indústria automobilística pode-se destacar o já citado caso do Modelo U da Ford. O Quadro 2.1 apresenta uma síntese das três dimensões da ecoinovação e suas características fundamentais.

Quadro 2.1: Dimensões da ecoinovação

DIMENSÕES DA ECOINOVAÇÃO	CARACTERÍSTICAS FUNDAMENTAIS	EXEMPLOS
Adição de componentes	Desenvolvimento de componentes adicionais para reduzir os impactos negativos sobre o meio ambiente, como, por exemplo, tecnologias "fim de tubo" *(end-of-pipe)*	Chaminés, tratamento de perdas em uma planta química, sequestro e estoque de carbono em conexão com usinas de energia baseadas em combustíveis fósseis
Mudanças em subsistemas	Contribuem para a melhoria do desempenho ambiental de subsistemas para reduzir os impactos negativos ao meio ambiente, como soluções de ecoeficiência e otimização de subsistemas	Melhorias na eficiência no uso de energia, água, e materiais na manufatura Máquinas de lavar roupa com baixo consumo de água Dispositivos para diminuir o consumo de energia em residências
Mudanças de sistemas	(Re)design de todo o sistema tendo em vista minimizar impactos negativos e, ao mesmo tempo, maximizar impactos positivos sobre o meio ambiente, por exemplo, o uso de soluções ecoeficazes	Sistema de círculos fechados na produção industrial, como na indústria têxtil Sistema de energia renovável baseado em hidrogênio

Fonte: adaptado de Carrillo-Hermosilla et al. (2009).

Na perspectiva de desenvolvimento de ecoinovações, é importante que as empresas saibam envolver seus consumidores, visando assegurar o uso de novos produtos e serviços e também receber *feedback* sobre inovações. Os consumidores desempenham papel fundamental não apenas na aplicação de inovações, mas também na identificação de melhorias e até no desenvolvimento de novas inovações (com a desculpa do pleonasmo). Exemplo típico é da empresa norte-americana Boing, fabricante de aeronaves e usuária de máquinas-ferramenta em seus processos de produção. Assim, a Boing pode ser considerada uma empresa inovadora em manufatura tanto de aeronaves quanto de máquinas-ferramenta, pois, nesse segundo caso, há uma série de inovações realizadas nas máquinas-ferramenta dentro de sua própria fábrica (*in-house*) (Carrillo-Hermosilla et al., 2009).

Em muitos setores industriais torna-se cada vez mais evidente que a competitividade da empresa depende de como ela desenvolve sua estratégia produto-serviço. Isso significa que ao adquirir um bem manufaturado, o cliente não avalia apenas a qualidade intrínseca do produto em si (bem tangível), mas também uma série de serviços (garantias, assistência técnica, disponibilidade de peças de reposição e facilidade de manutenção etc.). No caso específico da ecoinovação de produto-serviço, deve-se considerar toda a lógica e a estratégia do negócio, incluindo a convergência de ações de todos os agentes que compõem a cadeia de valor durante as etapas de produção, distribuição, consumo e ações pós-consumo, como aquelas relativas à logística reversa.

Quando se trata de ecoinovações mais radicais, que requerem, via de regra, mudanças no âmbito técnico-institucional, o próprio sistema predominante constitui-se em barreira à criação de um novo sistema e à difusão da inovação. Essas condições predominantes foram constatadas historicamente na emergência de processos de inovação de várias tecnologias, incluindo a eletricidade, as da indústria automobilística e do computador pessoal. Se o novo sistema torna-se economicamente e socialmente reconhecido, ou se há outras razões para sua manutenção, como a segurança nacional, então o governo deve intervir e estimular a expansão do sistema por meio de uma série de mecanismos, incluindo subsídios e outros tipos de incentivos fiscais. No caso de ecoinovações, a governança refere-se principalmente às soluções institucionais e organizacionais destinadas a resolver conflitos de interesse sobre o uso dos recursos naturais, como: exclusão dos usuários não autorizados, regulação sobre a utilização dos recursos e sobre a distribuição dos respectivos benefícios (por meio dos mecanismos de mercado), monitoramento, fiscalização, resolução de conflitos (Carrillo-Hermosilla et al., 2009).

EXERCÍCIOS

1) Apresente e discuta a importância da formação de redes de cooperação entre empresas e demais agentes públicos e privados na perspectiva do desenvolvimento sustentável.

2) Quais são as principais implicações que o processo de "glocalização" ("agir localmente, pensar globalmente") traz para o mundo dos negócios sob a égide da sustentabilidade?

3) Quais são as diferentes formas de inovação para a sustentabilidade (ecoinovação)? Cite exemplos em cada caso.

4) Cite e comente as diferentes dimensões da "ecoinovação" e suas características correspondentes.

5) Ilustre com exemplos reais de "ecoinovações" cada uma das dimensões identificadas no exercício anterior.

3 Do *lean* ao *clean*: da produção enxuta à produção sustentável

INTRODUÇÃO

A sustentabilidade representa uma mudança de paradigma. Essa frase é mais que um lugar comum: é um desafio às nossas crenças e práticas mais enraizadas sobre as possibilidades e formas de produzir, de consumir e de descartar. Após discutir como esse desafio se apresenta em relação ao modelo de produção que emergiu e se tornou dominante nas últimas décadas, este capítulo mostra como a empresa precisa ser reorganizada em termos sustentáveis, em seus diversos departamentos – da gestão da qualidade ao marketing, da gestão da cadeia de suprimentos à gestão de pessoas.

MUDANÇA DE PARADIGMAS

Há uma verdade que se manifesta em diferentes situações no nosso cotidiano: vemos e analisamos as coisas e os acontecimentos segundo nossos paradigmas pessoais, ou seja, nossos valores, crenças, princípios, hábitos e até mesmo desejos, que nos guiam e moldam nossas atitudes e comportamento de forma geral.

Permanentemente, filtramos da realidade aquilo que nos convém entender e enxergar, e eliminamos aquilo que não nos convém ou que acreditamos não ser importante. Quando, por exemplo, um arquiteto entra na casa de uma pessoa, ele tenderá a dar maior atenção a alguns aspectos dos espaços disponíveis, da decoração, da divisão dos cômodos, de um objeto em especial e assim por diante. Da mesma maneira, podemos entender que quando um dentista olha para uma pessoa, ele poderá focalizar seu sorriso e analisar a qualidade de seus dentes; já um psicólogo tenderia a observar as atitudes e o comportamento dessa mesma pessoa.

Em especial, essa verdade se aplica aos acontecimentos e aspectos da vida corporativa. Quando estamos em uma empresa ou organização, podemos selecionar aquilo que nos interessa de maneira mais pessoal ou profissional. Um engenheiro pode, por exemplo, ficar muito interessado nas modernidades das máquinas, equipamentos e instalações utilizadas no processo produtivo de uma empresa industrial, ou mesmo nos aspectos técnicos do projeto de seus produtos, na competência de seu corpo técnico e gerencial, e assim por diante. Podemos, por outro lado, dedicar maior atenção às pessoas em geral que ali trabalham e procurar analisar seus comportamentos, do ponto de vista do grau de motivação e dedicação ao trabalho, das formas de se relacionarem umas com as outras, identificar a importância dos líderes na organização do trabalho das equipes etc. Em outras palavras, todos nós temos nossos paradigmas pessoais, que nos orientam e dirigem nosso comportamento no dia a dia.

Da mesma maneira, o processo de intensa mudança na vida das sociedades modernas, das organizações e das empresas em particular pode ser melhor compreendido a partir do conceito de paradigma. Há diversas interpretações e conotações para esse termo; um paradigma pode apresentar como sinônimos: um padrão, uma referência, um sistema, uma norma, um modelo etc. Por exemplo, nas organizações nos defrontamos constantemente com padrões, referências e normas como ISO 9000 ou ISO 14000, normas e padrões técnicos nos laboratórios e nas áreas de produção e operações, administrativa, comercial etc.

Assim como o famoso físico norte-americano Thomas Kuhn (1922-1996) analisou todo o processo de mudanças radicais na história das ciências em seu livro *A estrutura das revoluções científicas*, fundamentando-se no conceito de paradigmas, é possível entender as grandes mudanças no mundo dos negócios e nas formas de se produzir bens e serviços nas empresas a partir do conceito de mudanças de paradigmas de produção. Um olhar mais atento sobre a história da humanidade revela que é justamente nos momentos de crise e de incertezas que se criam os elementos necessários para que transformações estruturais profundas ocorram nos mais variados campos da ciência, da tecnologia, do comportamento e da sociedade. Em seu estudo sobre os paradigmas das revoluções científicas, Kuhn (2011) evidencia o fato de que a ciência é por vezes um empreendimento cumulativo de elaboração de problemas, hipóteses, testes e teorias; por outro lado, as "descobertas" ou "construções" da ciência dentro de um paradigma podem gerar novidades fundamentais que subvertam o próprio paradigma em que se desenvolveram.

De um modo geral, pode-se observar que o caráter progressista ou tradicional de determinado paradigma oscila dentro de certos padrões previsíveis. Isso se deve basicamente ao fato de que uma teoria realmente nova e revolucionária nunca será apenas uma adição ou incremento ao conhecimento existente. Ela muda regras básicas, requer revisões drásticas ou reformulações nos pressupostos fundamentais da teoria anterior, envolvendo uma reavaliação dos fatos e das observações existentes (Grof, 1987). São exemplos marcantes desse tipo de transformação radical a transição da física aristotélica para a newtoniana, ou da newtoniana para a física quântica, assim como a dos sistemas geocêntricos para os heliocêntricos.

Acompanhando a evolução dos paradigmas científicos, a tecnologia e a organização produtiva também passaram por várias transformações radicais, como ilustra tão bem Schumpeter (1984, p. 112-3), ao analisar o papel fundamental da força inovadora dentro do processo de destruição criativa.

> A história do aparelho produtivo de uma fazenda típica, do início da racionalização da rotação de lavouras, da lavradura e da engorda, até a mecanização atual em que se usam elevadores e estradas de ferro, é uma história de revoluções. O mesmo ocorre com a história do aparelho produtivo na indústria do ferro e do aço – do forno a carvão ao nosso tipo de forno atual –, ou com a evolução da produção de energia – da roda d'água à moderna hidrelétrica – ou com a história do transporte – da carroça ao avião.
>
> A abertura de novos mercados, estrangeiros ou domésticos, e o desenvolvimento organizacional da oficina artesanal aos conglomerados como a U.S. Steel, ilustram o mesmo processo de mutação industrial, se me permitem o uso do termo biológico, que incessantemente revoluciona a estrutura econômica a partir de

dentro, destruindo incessantemente a velha, e criando uma nova estrutura. Esse processo de Destruição Criativa é o fato essencial acerca do capitalismo.

Outros autores, no passado mais recente, também ofereceram outras interpretações a respeito do paradigma tecnológico. Nelson e Winter (1974; 1982) utilizaram o conceito de regime tecnológico para definir fronteiras do progresso técnico, assim como para indicar trajetórias para se atingir tais fronteiras. Por outro lado, Dosi (1984) assinala que, após o estabelecimento de certo paradigma, este seguiria um processo normal de desenvolvimento ao longo de uma trajetória tecnológica, definida pelo próprio paradigma. Novos paradigmas surgiriam, então, a partir das oportunidades criadas tanto pelo progresso científico como em função da crescente dificuldade em se avançar ao longo do paradigma existente.

Ao surgimento de novos paradigmas tecnológicos estariam intimamente associados a implantação de novos setores produtivos, assim como as profundas transformações da estrutura produtiva preexistente. Nesse sentido, também, outras correntes de pensamento buscam associar as mudanças de paradigmas tecnológicos às teorias dos *ciclos econômicos* ou ondas longas, como mostra a Tabela 3.1.

Tabela 3.1: Ondas longas/ciclos econômicos

FASES / CICLOS	DECOLAGEM (TAKE-OFF)	EXPANSÃO	RECESSÃO	DEPRESSÃO
1º	1770-1785	1786-1800	1801-1813	1814-1827
2º	1828-1842	1843-1857	1858-1869	1870-1885
3º	1886-1897	1898-1911	1912-1925	1926-1937
4º	1938-1953	1954-1971	1972-1984	1985-?

Fonte: Rattner (1988, p. 15).

Para cada uma das chamadas ondas longas podem-se associar quatro fases (decolagem, expansão, recessão e depressão), que se estendem por um período de 50 a 55 anos, aproximadamente. A cada um desses ciclos estariam relacionados um pacote ou conjunto de inovações tecnológicas, associadas, por sua vez, a diferentes fontes energéticas. Por exemplo: em 1770, com a primeira fase da Revolução Industrial na Inglaterra, surgiram os primeiros teares mecânicos, movidos por energia hidráulica, assim como se implantavam as primeiras estradas de ferro, com locomotivas movidas a carvão. Por volta de 1880, com a chamada segunda fase da Revolução Industrial, surgem inovações como o motor de combustão interna a gasolina e o motor elétrico. Ocorrem também, nessa época, grandes inovações na indústria química. Nas primeiras décadas do século XX surgem o radar e os aviões a jato, além de outras inovações significativas na indústria petroquímica e na energia atômica (fissão nuclear). Mais recentemente, outras inovações de caráter revolucionário impactaram toda a estrutura produtiva da indústria mundial: o *laser*, as fibras óticas, a engenharia genética, a microeletrônica e a telemática prenunciaram o advento de uma possível quinta onda longa de desenvolvimento.

Cabe frisar o fato de que tais trajetórias tecnológicas são fortemente influenciadas por fatores de ordem econômica, como estruturas e condições específicas de mercado, fases do ciclo econômico, assim como por elementos de ordem político-institucional, principalmente no que se refere ao aspecto da atuação do Estado na promoção ou na inibição do desenvolvimento de determinadas trajetórias. Nas modernas economias industrializadas, o Estado tem desempenhado, ao longo das últimas décadas, o papel de um dos principais atores nos processos de geração endógena e de difusão de inovações tecnológicas, interferindo sobremaneira, principalmente por meio de sua política industrial, em vários aspectos da atividade econômica das empresas.

Especialmente em relação à estrutura e à dinâmica das organizações e das empresas em particular, o paradigma toyotista tornou-se a vanguarda. Com o progressivo esgotamento do paradigma de produção taylorista-fordista, que serviu de sustentação a todo o processo de industrialização, marcando a ascensão dos Estados Unidos como principal potência econômica e industrial do século XX, um novo conjunto de fatores influenciou ao evidenciar o surgimento do paradigma da produção enxuta, ágil e flexível, condicionado, fundamentalmente, pela revolução microeletrônica.

Pode-se entender que o novo paradigma da microeletrônica traduz-se, do ponto de vista eminentemente técnico, pela solução de problemas de captação, tratamento, transmissão e recepção de informações via circuitos integrados. Essa nova base técnica, por se constituir em uma inovação revolucionária, abriu novas perspectivas para a economia. Enfatizou-se esse aspecto revolucionário da microeletrônica pelo fato desta potencializar o surgimento de novos produtos e serviços, além do fato de que há uma enorme possibilidade de penetração dessa nova tecnologia por vários setores econômicos, implicando alterações significativas nas estruturas de custos e insumos e nas condições de produção e de distribuição de bens e serviços (Freeman, 1981). Analisando as principais características desse novo paradigma técnico-econômico baseado na microeletrônica, Perez (1984) apontou para uma série de vantagens que esse paradigma possibilitou, especialmente, no âmbito dos sistemas de produção do tipo informação-intensiva, cujas empresas atuam, via de regra, nos setores mais modernos e dinâmicos da economia. Destacam-se entre tais vantagens as seguintes:

- Minimização do consumo de energia e de materiais nos diversos processos de produção.
- Obtenção de altos níveis de precisão e, consequentemente, a possibilidade de se produzir com margens estreitas de tolerância;
- Maior controle dos estoques e inventários.
- Maior controle de qualidade em linha, o que permite, consequentemente, uma redução significativa dos desperdícios e dos índices de refugos e de retrabalhos.
- Elevação considerável da produtividade dos recursos.

Entre as mais variadas características, os equipamentos de base microeletrônica possibilitam ao sistema produtivo uma série de vantagens potenciais (apesar de seu alto custo por seu denso conteúdo de capital), como: a redução dos custos de produção e do tempo operacional, maior flexibilidade e agilidade na preparação e troca de ferramentas/moldes/gabaritos e dispositivos (redução de *set-up*), maior complexidade de operações, além de propiciar maior confiabilidade em termos dos requisitos de qualidade.

Por outro lado, tais equipamentos possibilitam sua compatibilização com sistemas e subsistemas de informação e comunicação, o que torna seu potencial de aplicação no processo de produção praticamente ilimitado. Na perspectiva essencialmente tecnológica, a grande inovação advinda desses equipamentos refere-se ao fato de poderem ser programáveis e reprogramáveis rapidamente.

Toda essa tendência de fundir todas as atividades administrativas e produtivas, de escritório ou de fábrica, de desenho ou de mercado, econômicas ou técnicas em um só sistema interativo é chamado de sistematização (Perez,

1984) ou de sistemofatura (Hoffman e Kaplinsky, 1988). O objetivo, afinal, é atingir um sistema de produção totalmente integrado por computador (*Computer Integrated Manufacturing* – CIM).

A ideia tradicional, predominante sob o clássico paradigma de produção em massa de que a grande empresa, altamente verticalizada e com vários níveis hierárquicos em sua estrutura organizacional, era sinônimo de eficiência e de sucesso, é hoje extremamente questionável. As grandes corporações, a tecnoburocracia (Galbraith, 1982; 1983) de Estado, assim como as grandes concentrações urbanas, com seus mais variados impactos negativos sobre a qualidade de vida da maioria dos seus habitantes, foram uma das consequências mais danosas do "clássico" paradigma de produção industrial (fordismo), que apresentava como exigência, entre outras, uma concentração geográfica de grandes instalações industriais. A revolução da tecnologia da informação e das telecomunicações (TICs) passou a viabilizar um novo modelo de distribuição das instalações industriais e, consequentemente, do tamanho do agrupamento industrial.

Por outro lado, a estratégia de diversificação (Penrose, 1995) vem condicionando o comportamento competitivo da maioria das empresas, independentemente de setores ou ramos de atividade econômica.

> Em sociedade caracterizada por um "espírito empreendedor" bastante difundido e por uma tecnologia altamente desenvolvida, a ameaça de concorrência por parte de novos produtos, novas técnicas, novos canais de distribuição, novas maneiras de influenciar a demanda do consumidor, constitui, sob vários aspectos, um tipo de influência muito mais importante que qualquer outro tipo de concorrência. (Penrose, 1995, p. 113)

Dentro desse novo contexto, a descentralização da grande corporação verticalizada e o crescimento das empresas por meio da criação de pequenas e médias unidades de produção tornaram viável a obtenção não somente de maiores economias de escala, como também de maiores economias de escopo, estas decorrentes da possibilidade de se oferecer uma gama maior de modelos e tipos de produtos de diferentes características, segundo as diversas demandas dos consumidores.

A mudança de paradigma tecnológico propiciada pelo desenvolvimento das novas tecnologias de informação e comunicação (TICs) possibilitou uma nova estratégia por meio da substituição de máquinas convencionais, especializadas e dedicadas a uma única operação, por máquinas programáveis de múltiplos objetivos. Dessa maneira, a própria produção de bens e serviços passou a ganhar um novo sentido: em vez do antigo estilo de produção de grandes volumes e variedade limitada de produtos padronizados, verificamos uma nova realidade, a da produção de uma ampla variedade de pequenos lotes de produtos diferenciados.

Consequentemente, todo o processo de mudança de paradigma de produção trouxe implicações significativas também para a questão do trabalho (formas de organização, relações com o capital, condições de trabalho etc.), assim como influenciou sobremaneira mudanças no estilo gerencial nas empresas. Surgiram formas mais participativas, e a organização do trabalho em equipes ficaram mais autônomas. Do ponto de vista do trabalho, sua natureza e sua organização na empresa, novos conceitos e propostas colocaram-se como tendência irreversível. Assim, a estreita concepção do trabalho fundamentada na chamada "administração científica" de Taylor (que enfatizava treinamento específico e estreita qualificação do trabalhador, nítida separação entre concepção e execução de tarefas rotineiras) vem dando espaço para a emergência de novos arranjos de organização do trabalho, em que se busca incorporar valores de integração entre concepção e execução do trabalho, ampla qualificação e treinamento, cooperação no trabalho em equipe, maior autonomia na tomada de decisões etc., valores desprezados por aquela corrente de pensamento administrativo do início do século XX.

O antigo estilo gerencial fundamentado na hierarquia rígida e formal e da figura do chefe centralizador está em crise. As novas tendências de gestão de pessoas, que consideram maior participação, envolvimento e comprometimento dos funcionários nas várias esferas de decisão da empresa, questionam aquela antiga estrutura administrativa. Finalmente, outra série de mudanças institucionais acompanhou aquelas introduzidas no sistema produtivo, implicando fundamentalmente uma profunda revisão da própria natureza do Estado e de suas funções nas sociedades modernas. Em síntese, todo esse conjunto de transformações aponta para o estabelecimento do paradigma na produção de bens e serviços, chamado por Piore e Sabel (1984) e Schmitz (1989) de especialização flexível. O Quadro 3.1 contrasta esse paradigma com o da produção em massa.

Quadro 3.1: Comparação: a produção em massa e a especialização flexível

CARACTERÍSTICA	O PARADIGMA CLÁSSICO: PRODUÇÃO EM MASSA	O PARADIGMA DA ESPECIALIZAÇÃO FLEXÍVEL
Tamanho da firma ou da planta	Grande (a corporação)	Pequena e média (em função do escopo)
Tecnologia	Máquinas especializadas e dedicadas	Máquinas de múltiplos objetivos
Trabalho	Treinamento específico	Treinamento ampliado
	Separação entre concepção e execução	Integração entre concepção e execução
	Tarefas fragmentadas e rotineiras	Tarefas variadas e de múltiplas habilidades
Gerência	Hierarquia rígida e formal	Hierarquia relativa e informal
Produção	Grandes volumes e variedade limitada de produtos padronizados	Ampla variedade de pequenos lotes; produtos personalizados
Comportamento competitivo	Estratégia de controle de mercado (monopólio)	Rápida adaptação à mudança e inovação
Aparato institucional	Centralização	Descentralização
	"Keynesianismo" nacional e internacional	Instituições locais que integram competição à cooperação

Fonte: Schmitz (1989, p. 5).

O que é um paradigma, portanto? É uma maneira de compreender os problemas e buscar as soluções. Para Kuhn (2011), muitas vezes os paradigmas se tornam círculos viciosos. Todo mundo pensa da mesma forma, tem as mesmas táticas, mas o jogo que fazem não está mais os levando à vitória. Daí surge uma prática, um pensamento, uma estratégia revolucionária.

A sustentabilidade é isso, uma estratégia revolucionária, um novo jeito de pensar a produção e o consumo, uma nova maneira de praticar negócios. É um paradigma que lentamente rompe seu ancestral (ainda importante em muitos aspectos): a produção ágil, enxuta e flexível (*lean*). A produção em massa (*fordismo*), marcada pelas grandes fábricas e pela grande quantidade de produtos para consumo em massa, gestou a produção enxuta (*toyotismo*), ou seja, a produção em unidades menores e em grande quantidade, mas crescentemente diferenciada, para atender às diversificadas demandas. Do mesmo modo, da produção enxuta (*lean*) surge o novo paradigma da produção e da gestão sustentável, limpa (*clean*), no qual mergulhamos neste livro. Os dois grandes marcos dos paradigmas produtivos anteriores foram a Ford, nos Estados Unidos, e a Toyota, no Japão – a indústria automobilística, portanto. Mas como essa indústria vem respondendo aos desafios de redesenhar suas estratégias produtivas em direção à sustentabilidade?

INDÚSTRIA AUTOMOBILÍSTICA E A GESTÃO SUSTENTÁVEL

No início da década de 1990, pesquisei as relações de fornecimento no complexo automobilístico brasileiro. O tema das redes de cooperação produtiva era então quase que um desconhecido, e esse complexo industrial chamava a atenção por suas redes de subcontratação. Desverticalização e terceirização tornaram-se desde então palavras-chave. A estratégia de comprar de fornecedores ao redor do mundo pelo melhor preço (*global sourcing*) espalhou-se nas montadoras do ABC como decorrência do bê-a-bá da globalização no Brasil: a abertura do mercado brasileiro no início dos anos 1990 levou as gigantes do setor automobilístico brasileiro a se defrontarem diretamente com os principais concorrentes internacionais. Era preciso então implantar novas formas de gestão de fornecedores.

Ao tradicional esquema das cadeias produtivas e cadeias de valor há muito se percebeu ter que adicionar a dimensão das redes: as complexas relações de fornecimento que moldam cada etapa da produção. Dentre as muitas inovações da indústria automobilística, destacaram-se os novos tipos de relações entre montadoras e seus fornecedores de primeiro nível – os sistemistas. O sistemista é uma empresa responsável pela montagem de um grande sistema do veículo, o motor, por exemplo. Às grandes montadoras, cabe juntar os sistemas e fazê-los andar, ou seja, gerar o automóvel. A implantação desse conceito aumentou a responsabilidade e o comprometimento entre o fornecedor e as empresas automobilísticas. Para tanto, foi necessário expandir para toda a rede de fornecimento, ao longo de toda a cadeia produtiva, os métodos da produção ágil, enxuta e flexível (*lean*). A busca da qualidade por toda a empresa e por cada empresa envolvida nessa teia era um imperativo, ao lado do aumento da produtividade.

Algumas montadoras já buscam produzir de acordo com as exigências de ecoeficiência nas novas unidades. Mas, sob os ventos da sustentabilidade socioambiental, novos desafios se colocam para essa indústria – e para todas as outras. A qualidade é prerrequisito. A busca da sustentabilidade por toda a empresa e por todas as empresas é hoje, por enquanto, um diferencial. Quase duas décadas depois, voltei novamente os olhos para o complexo automobilístico – dessa vez para pesquisar como a sustentabilidade vem sendo incorporada nas práticas dessa cadeia produtiva.

O estudo do conjunto das empresas que compõem esse complexo industrial (montadoras e toda a sua respectiva cadeia de fornecedores) revelou que as ações que visam à gestão ambiental e à responsabilidade social são, em geral, tratadas de forma isolada. Não são integradas à estratégia corporativa das organizações. A maioria das empresas encontra-se, ainda, posicionada em uma fase incipiente quando comparada aos padrões de classe mundial. Por outro lado, observa-se que, na implantação de novas unidades operacionais, as montadoras já buscam definir os processos de produção alinhados às exigências da produção mais limpa e de ecoeficiência, com ações dirigidas para maior economia de materiais e de energia e enfatizando os aspectos da reciclagem.

A difusão de práticas de sustentabilidade em toda a cadeia de produção mostra-se em estágio inicial para a grande maioria das empresas. Algumas montadoras exigem a certificação ISO 14.001 (Gestão Ambiental) e impõem a proibição de utilização de trabalho infantil em suas operações e de seus fornecedores. Mas a preocupação que ainda norteia os principais agentes desta cadeia produtiva recai, de forma preponderante, sobre a ameaça dos fabricantes dos outros países emergentes, como China, Índia e México. O que ainda não se vê com clareza é que a sustentabilidade é condição para a competição em nível mundial.

(continua)

(continuação)

INDÚSTRIA AUTOMOBILÍSTICA E A GESTÃO SUSTENTÁVEL
Já tive a oportunidade de apresentar esses resultados na Itália e na França, que nos trazem bons exemplos. A Europa destaca-se no cenário da indústria de tratamento do fim da vida de vários produtos, dentre eles automóveis, bens eletrônicos e materiais de embalagem. No caso específico da reciclagem de automóveis, há ainda muitas oportunidades, pois, embora se saiba que esse bem apresenta alto potencial de reciclabilidade (95%), até mesmo nos Estados Unidos apenas 75% de cada carro passa por tal processo – e mesmo isso já representa uma movimentação de US$ 14 bilhões por ano. Trata-se, decerto, de uma grande oportunidade, principalmente para as pequenas e médias empresas.
O Brasil tem também liderado grandes inovações sustentáveis, como o uso do biodiesel e do etanol produzido não só a partir da cana. Em 2010, o número de veículos leves produzidos com motor *flex* atingiu 86% do volume total produzido. Mas há que se considerar, também, a emergência dos veículos de motor elétrico e os híbridos. Vide, a propósito, a recente experiência da implantação do serviço compartilhado de aluguel de carros elétricos (*blue car*) pela prefeitura de Paris, programa que visa a propiciar maior mobilidade urbana, contribuindo com a diminuição do trânsito e da poluição e com a conservação de energia.
Do lado do produto que chega ao consumidor, ficam novos desafios. Mas antes disso, também há uma longa estrada. Como destaquei, muitas atividades antes desenvolvidas pela empresa montadora são repassadas para os fornecedores e isso provoca uma redução de custos para o produtor de veículos. Essa redução é devida, dentre outros fatores, pelo menor salário normalmente pago pelos fornecedores aos seus trabalhadores. Como ficam então as questões da responsabilidade social, das externalidades negativas, do trabalho decente? Fica a expectativa de que uma pavimentação de práticas sustentáveis cubra toda a cadeia produtiva que está por trás das vitrines — mas que pode ser mostrada e colocar as empresas que inovem na dianteira das preferências dos consumidores. A ecoinovação precisa contaminar as múltiplas frentes, de dentro para fora de cada empresa.

Fonte: Amato Neto (2012).

A produção enxuta é o paradigma dominante, ainda que não esteja implantado em grande parte das empresas da retaguarda tecnológica e organizacional. Mas mesmo esse paradigma já sofre pressões para se modificar sob o influxo dos padrões sustentáveis de produção, consumo e descarte. Atualmente, o que se verifica é uma fase de transição de paradigmas produtivos, em que a produção enxuta vem sendo incrementada em suas próprias ferramentas que permitam uma melhoria da sustentabilidade dos processos de produção e gestão. Cabe, portanto, retomarmos alguns aspectos do paradigma da produção enxuta, ágil e flexível – que congrega os conceitos de *lean production* (Woomack et al., 2004), *agile manufacturing* (Goldman et al., 1995) e *flexible specialisation* (Piore e Sabel, 1984; Schmitz, 1989). Especificamente, cabe retomar as ferramentas do modelo japonês de gestão da produção, as quais podem ora ser potencializadas em seus usos originais, ora parcialmente reformadas, tudo em direção à promoção da sustentabilidade produtiva.

DA PRODUÇÃO ENXUTA À PRODUÇÃO SUSTENTÁVEL

O modelo de produção enxuta ou flexível teve sua origem no Japão do pós-guerra e teve como laboratório pioneiro a fábrica de automóveis da Toyota localizada na cidade de Nagoya. Trata-se de uma filosofia de produção industrial que tem por princípio fundamental a busca permanente de eliminação de perdas e de desperdícios por toda a empresa.

Cabe enfatizar que, ao lado dos elementos técnicos da gestão de produção, o modelo japonês conta com uma série de aspectos institucionais específicos, como o sistema de emprego vitalício, os salários seniores e o sindicalismo corporativo – um sindicato da própria empresa ou estabelecimento, consistindo somente dos empregados regulares, os quais têm seus próprios códigos, elegem seus representantes dentro da própria empresa, operam com seus próprios fundos e comportam-se autonomamente em suas atividades. Outro elemento importante a se destacar refere-se ao sistema de recrutamento e seleção de pessoas na empresa. Em geral, as empresas do Japão preferem contratar funcionários jovens que não tenham sido treinados por outra empresa, para ensiná-los a "filosofia da empresa" e colocá-los em programas de treinamento bem desenvolvidos. O modelo de carreira profissional privilegia os critérios de senioridade e meritocracia (Amato Neto, 2010).

Outro traço cultural de fundamental importância no modelo japonês é o processo decisório em grupo. Senso de equipe e de cooperação são a chave para qualquer sucesso no trabalho japonês. Considerar o "espírito de grupo" (*kikubari*) é uma característica que se transmite de pai para filho, de professor para aluno, e de superior para subordinado. O coletivismo tem vital importância no sistema de emprego vitalício. A busca de consenso (*nemawashi*) nas discussões referentes aos vários aspectos da empresa norteia toda a conduta da empresa japonesa.

Quanto aos programas e ferramentas de gestão, o toyotismo pode revelar grandes potencialidades para as demandas da produção sustentável, embora não seja suficiente e tenha de ser reformulado diante das ferramentas de engenharia da produção sustentável discutidas no próximo capítulo.

Entre as várias práticas do modelo japonês de gerenciamento, uma que ganhou maior repercussão foi a dos 5 "S"s. A sigla é derivada de cinco palavras japonesas, que têm o seguinte sentido:

- *Seiri* = senso de utilidade (identificação e seleção).
- *Seiton* = senso de ordenação (boa disposição dos recursos).
- *Seiso* = limpeza.
- *Seiketsu* = higiene (saúde).
- *Shitsuke* = disciplina.

Tendo por objetivo básico a busca da melhoria no ambiente de trabalho por meio de uma série de medidas profiláticas, a metodologia dos 5 "S"s focaliza principalmente os aspectos relacionados à melhoria do ambiente e da organização geral do espaço físico de trabalho, além de aspectos que estimulam mudanças comportamentais das pessoas envolvidas em um dado ambiente de trabalho.

As técnicas de manutenção preventiva (que, a propósito, nasceram nos Estados Unidos na década de 1950) evoluíram durante as décadas seguintes, até atingirem a forma da TPM (*total productive maintenance*, ou manutenção produtiva total). Essas técnicas foram aplicadas inicialmente na indústria japonesa e, posteriormente, difundiram-se amplamente pela indústria mundial. Até então, vale destacar que a própria indústria japonesa também se preocupava apenas com a manutenção corretiva das quebras (*breakdown maintenance*). A evolução do sistema de manutenção no Japão se processou em quatro etapas, a saber (Nakajima, 1989):

1) Estágio da manutenção corretiva (antes da década de 1950).
2) Estágio da manutenção preventiva (anos 1950 e 1960).
3) Fase da manutenção do sistema de produção (anos 1960 e 1970).
4) Estágio da manutenção produtiva total (após a década de 1970).

A filosofia da manutenção produtiva total visa eliminar a variabilidade em processos de produção, que, em geral, tem como principal causa a ocorrência de falhas e "quebras" não planejadas. Tal objetivo pode ser atingido por meio do envolvimento e do comprometimento de todos os operadores de um dado setor da produção na busca de aprimoramentos na manutenção. Dessa forma, os chamados "donos de processos" são incentivados a assumir a responsabilidade por suas máquinas e a executar atividades rotineiras de manutenção e reparo simples, evitando esperas para ser atendido pelo pessoal técnico especializado de manutenção.

Por manutenção produtiva total entende-se falha zero e quebra zero das máquinas de produção, que, juntamente com os conceitos de zero defeitos nos produtos e perda zero nos processos, constituem-se nos principais elementos das estratégias bem-sucedidas de uma empresa manufatureira, segundo os preceitos da qualidade total da administração japonesa. Alguns elementos particulares de uma estratégia de manutenção produtiva total devem ser destacados:

- Busca constante de maximização do rendimento operacional do conjunto de máquinas e equipamentos da empresa.
- Adoção de um sistema que considere todo o ciclo de vida útil das máquinas e equipamentos.
- Ênfase na gestão participativa de todos os envolvidos, desde a gerência até a produção e a manutenção.
- Trabalho em grupo e motivação do pessoal envolvido.

São cinco as medidas para se implementar um sistema de manutenção produtiva, com ênfase na quebra zero/falha zero, a saber (Nakajima, 1989):

- Definição das condições básicas de operação (limpeza do local de trabalho, lubrificação adequada e ajustes das partes móveis).
- Obediência às especificações de uso das máquinas/equipamentos.
- Recuperação das degenerações.
- Busca de saneamento das deficiências existentes no projeto original.
- Maior capacitação técnica/profissional do pessoal da produção e da manutenção.

Outra prática amplamente difundida na indústria japonesa do pós-guerra é o *poka-yoke*, que pode ser entendido de maneira bem elementar como sendo todo e qualquer dispositivo que auxilie na prevenção de erros no processo produtivo. Apesar de ter sido utilizado há muito tempo e de diversas formas, foi o engenheiro de produção Shigeo Shingo quem desenvolveu e elaborou essa ideia de uma ferramenta para se atingir o zero defeito e, eventualmente, eliminar as inspeções de controle de qualidade no final de uma linha de produção. Os métodos utilizados, até então, para a detecção de erros na produção eram denominados "a prova de tolos" (*fool-proofing*). Para se contrapor a essa ideia, o engenheiro Shigeo criou o termo *poka-yoke*, que pode ser traduzido como a prova de erros ou a prova de falhas. Portanto a lógica é evitar erros (*yokeru*) inadvertidos (*poka*). A ideia básica que se traduz por um requisito à boa utilização desse conceito é de respeito à inteligência dos trabalhadores de chão de fábrica (o chamado "saber operário"). Ou seja, ao assumir as tarefas repetitivas ou ações que dependem apenas da memória, o *poka-yoke* pode liberar o tempo e a mente do trabalhador para que ele se dedique a atividades mais criativas ou para aquelas que adicionem mais valor ao produto de sua atividade (Nikkan Kogyo Shinbun, 1991). *Jidoka* é mais um conceito básico do sistema Toyota de produção. Foi criado pelo seu fundador, Sakichi Toyota, e tem o significado de **autonomação**, isto é, automação alinhada ao conhecimento e à inteligência do operador. Em outros termos, tal conceito significa um estímulo à autonomia dos operadores, para que detectem qualquer condição anormal na produção no momento preciso em que ela ocorre e assim possam interromper o trabalho imediatamente e solucionar o problema com rapidez. Na prática, a ideia é criar dispositivos automáticos acoplados à máquina de produção, para que se evite o contínuo monitoramento de um operador, evitando-se os erros inerentes à observação de atividades repetitivas e contribuindo, assim, para o aumento da produtividade.

O **mapeamento do fluxo de valor** (VSM, *Value Stream Mapping*) constitui-se em um diagrama que permite mapear todas as etapas que compõem um processo produtivo, tanto em termos do fluxo de materiais como de informações. A partir desse mapa é possível a identificação dos elos mais relevantes da cadeia produtiva, em termos da agregação de valor ao produto final (vale dizer, ao cliente final), assim como identificar falhas ou não conformidades do processo (Monden, 1984).

A filosofia do sistema de produção enxuta implica um esforço permanente e conjunto de busca e eliminação de perdas (*wastes*) em todos os processos produtivos e gerenciais nas organizações. Surge, daí, uma questão central: quais são as principais fontes de perdas nos processos? De maneira geral, as principais fontes de perdas relacionam-se com os seguintes aspectos:

- Produtos defeituosos, que logicamente deverão ser rejeitados pela "inspeção da qualidade", ou em situações mais adversas, rejeitados pelo cliente/consumidor final (o que, logicamente, pode prejudicar a imagem da empresa no seu mercado).

- Excesso de produção, o que significa que o volume extra de produtos, que está além do que o mercado pode absorver, implicará na formação de estoques.

- Produção desnecessária, quer dizer, por falhas na avaliação da demanda, a empresa produziu itens que o mercado consumidor não tem interesse em comprar. Em tal situação também deverá ocorrer elevação nos estoques de produtos acabados.
- Estoques de matérias-primas, decorrentes, via de regra, de falhas na programação da produção da empresa.
- Estoques em processo (*work-in-process*) gerados, basicamente, por falhas na gestão dos fluxos de materiais e no balanceamento nas linhas e células de produção.
- Trabalho e movimentos desnecessários de pessoas e de materiais, principalmente do pessoal operacional (chão de fábrica, no jargão das empresas de manufatura), que ocorrem, principalmente, por falhas no dimensionamento de pessoas, no mapeamento dos fluxos e no desenho do arranjo físico (*layout*) do local de trabalho.
- Esperas excessivas nos postos de trabalho, causadas, via de regra, também por ineficiências da programação da produção e no mapeamento dos processos.
- Serviços que não atendem ao desejo do cliente. A falta de integração e sintonia entre as áreas de produção, marketing e projeto do produto constitui, em geral, a principal causa dessa falha. Esse aspecto ganha maior relevância a cada dia que passa, pela tendência da servitização.

Para evitar as perdas e desperdícios, recomendam-se as seguintes estratégias e ações:

- Definir claramente o valor do produto (análise e engenharia do produto).
- Definir a cadeia de valor, mapeando todos os processos e fluxos de materiais que levam a obtenção do produto final (*value stream*); o mapeamento do fluxo de valor (*value stream mapping*) constitui-se em outra ferramenta de fundamental importância nesta etapa.
- Implementar o princípio da *produção puxada* a partir dos requisitos do cliente), isto é, cada setor ou subseção puxa a produção da seção imediatamente anterior.
- Implementar projetos e programas de melhorias contínuas (*kaizen*, em japonês) de qualidade do produto, performance do processo, atividade de projetos e de todas as atividades de apoio da empresa.

Em síntese, esse paradigma da produção enxuta e flexível de bens e serviços inclui um conjunto de características tecnológicas, organizacionais e estratégicas. Uma das características marcantes é a utilização intensiva das tecnologias de base microeletrônica, que se expressam, por exemplo, nas modernas máquinas flexíveis e de múltiplos objetivos, como as máquinas-ferramenta a comando numérico computadorizado, nos sistemas de projeto, manufatura e engenharia assistidos por computador (*CAD/CAM/ CAE – computer aided design; computer aided manufacturing* e *computer aided engineering*); os robôs industriais utilizados, por exemplo, nos processos de solda a ponto na indústria automobilística. Além disso, pode-se constar, também, a crescente utilização na indústria moderna de novas tecnologias, como aquelas derivadas do *laser*.

Destaca-se também o movimento de desintegração vertical de antigas estruturas organizacionais e a constituição de unidades estratégicas de negócio (*SBUs – Strategic Business Units*). A lógica de constituição dessas unidades apoia-se no conceito de competências essências (*core business/core competence*) de Prahalad e Hamel (1990).

Do ponto de vista das estratégias de produção, destaca-se, em especial, o conceito de **customização em massa** (*mass customization*), pois a empresa busca conciliar a obtenção de economias de escala (como no modelo fordista), advindos de certo grau de padronização, com as economias de escopo, derivadas da habilidade da empresa em oferecer uma gama variada de produtos, modelos, acessórios, aplicações e atingir, assim, diferentes segmentos e nichos de mercado.

Centrais são os sistemas de rápida resposta ao mercado (*time-to-market*) tanto no âmbito da produção propriamente dita, com a utilização de máquinas flexíveis que permitem rápida adaptação a novos modelos, quanto na esfera do projeto do produto, com a utilização de meios de prototipagem rápida (que permitem projetos e reprojetos de produtos e peças com o mínimo tempo).

De um lado, há ações gerenciais em busca do trabalho em equipe com profissionais qualificados e motivados, tendo em vista alcançar altos níveis de *performance*. De outro, modelos gerenciais que enfatizem gestão por processos com foco no cliente. Sob tal perspectiva, as áreas funcionais da empresa devem operar como apoio à gestão da qualidade, dos custos e dos prazos (e, agora, também da sustentabilidade), segundo as expectativas e/ou especificações dos clientes. Tais modelos devem incluir, também, a gestão de toda a cadeia de fornecedores e de subfornecedores. Finalmente, há ampla utilização de simulação e modelagem de sistemas, novas formas de relacionamento que valorizam a cooperação e integração interempresas, além da busca permanente por inovações, no sentido *schumpeteriano*.

ECOGESTÃO

A sustentabilidade reorienta as diversas funções e departamentos da empresa. Demanda uma revisão de algumas áreas em que acostumamos a nos mover dentro do modelo *lean*. Assim, uma gestão orientada para a sustentabilidade, ou ecogestão, abrange um novo olhar ambiental nas diversas funções – qualidade, marketing, contabilidade, gestão de pessoas e do conhecimento. Parte das transformações que o "novo" paradigma da produção enxuta representou diante da "velha" produção em massa mantém-se na fase atual de uma transição para o "novíssimo" paradigma da produção sustentável. Assim, o que no Quadro 3.2 vale para a produção enxuta ainda tem importância para a construção da gestão e produção sustentáveis.

Quadro 3.2: Trabalho e gestão sob os paradigmas "velho" e "novo"

	"VELHO"	"NOVO"
Economia/ mercado	Expansão	Crise
	Estável	Instável
	Competência local	Competência mundial
	Vendedor	Comprador
	"A empresa manda"	"O cliente é o rei"
Produto	Padronizado	Diversificado
	Ciclo de vida longo	Ciclo de vida curto
	Inovação em etapas	Inovação contínua
	Fabricação em série	Fabricação em lotes pequenos
	Quantidade	Qualidade
Processo/ tecnologia	Máquinas dedicadas	Máquinas flexíveis
	Base eletromecânica	Base microeletrônica
	Linhas de montagem	Células de fabricação
Gestão/ organização	Hierárquica	Participativa
	Vertical	Horizontal
	Centralizada	Descentralizada
	Controladora	Formadora
	Punitiva	Orientadora
	"O chefe sempre tem razão"	"Todos são responsáveis"

(continua)

Quadro 3.2: Trabalho e gestão sob os paradigmas "velho" e "novo" (*continuação*)

	"VELHO"	"NOVO"
Trabalho	Tarefas operacionais	Processos
	Dividido	Integrado
	Prescrito	Aleatório
	Especializado	Polivalente
	Heterocontrolado	Autocontrolado
	Posto	Equipe
Qualificação	Habilidade	Competência
	Saber (fazer)	Aprender
	Disciplina	Autocontrole
	Obediência	Iniciativa
	Acatamento das normas	Gestão do aleatório
	Reação	Ação, pró-ação
	Memorização	Raciocínio
	Execução	Diagnóstico
	Concentração	Atenção
	Individual	Coletiva
	Alienação	Comunicação

Fonte: Monteiro Leite (1996, p. 69).

Tem-se indicado (Jabbour et al., 2013, p. 662) que a melhoria da *performance* ambiental depende da adoção de práticas de produção enxuta, mas há um caminho a se percorrer *do lean ao clean* ou *do lean ao green*: as técnicas tradicionais da produção enxuta não são suficientes por si só para se atingir a sustentabilidade. Essa demanda, sobretudo, uma concepção e prática da interdisciplinaridade ou transdepartamentalidade na empresa, viabilizando a "infecção" das diversas áreas funcionais da organização com o "vírus" da sustentabilidade.

O Centro para a Produção Sustentável da Universidade Lowell de Massachusets (*Lowell Center for Sustainable Production* – LCSP) vem realizando uma série de estudos e pesquisas vinculados ao tema e publicou dez princípios da produção sustentável, que podem ser assim resumidos (LCSP, 2014):

1. Priorizar produtos e embalagens projetados para serem seguros e ecologicamente corretos ao longo de todo o seu ciclo de vida.
2. Oferecer serviços destinados a satisfazer as reais necessidades humanas, promovendo equidade e justiça.
3. Evitar desperdícios e reduzir a possibilidade de se gerar subprodutos indesejáveis, do ponto de vista ecológico, por meio da reciclagem.
4. Evitar a utilização de substâncias químicas ou agentes que apresentem risco à saúde humana ou ao meio ambiente.
5. Buscar constantemente a economia de energia e de materiais.
6. Projetar e manter os locais de trabalho segundo princípios da ergonomia.
7. Promover um ambiente de trabalho propício a melhor eficiência e criatividade dos empregados.
8. Priorizar a segurança e o bem-estar dos funcionários, assim como o desenvolvimento profissional.
9. Respeitar as comunidades no entorno das instalações da empresa (plantas industriais, escritórios, depósitos) e contribuir para seu desenvolvimento social e cultural.
10. Ao agir segundo os princípios anteriores, a sobrevivência e o crescimento da empresa deverão estar assegurados.

Vejamos nos tópicos a seguir como algumas áreas tradicionais da gestão são remodeladas para atender à sustentabilidade.

Qualidade, métricas e marketing

Em um sistema, as partes influenciam umas às outras mutuamente; as partes influenciam o todo; um desequilíbrio do todo ressoa em problemas para as várias partes. Pensar sistemicamente é, em primeiro lugar, ver as relações de produção e consumo dentro da economia e esta dentro da sociedade e da natureza. A seguir, ter a visão da cadeia de produção e de valor e da rede de organizações em que a empresa se insere. Mas é também pensar nas relações entre parte e todo dentro de uma mesma empresa. Isso é fundamental para a gestão sustentável. Pode haver um departamento que coordene as ações de sustentabilidade, mas ela é um desafio muito grande para ficar apenas sob os cuidados de um grupo, de uma parte. É um problema

Do *lean* ao *clean*: da produção enxuta à produção sustentável | 67

transversal – transcende campos do conhecimento científico, fronteiras nacionais e – por que não? – as fronteiras internas de sua organização.

Se, nos anos 1990 ganhou força a noção de "qualidade por toda a empresa", muito mais forte é a convicção neste início de milênio de que a sustentabilidade é uma questão para toda a empresa e para todas as empresas, do marketing à gestão financeira, dos recursos humanos à estratégia. Juntar a especialização de cada setor com a visão do todo é o desafio. Só pode haver uma gestão da sustentabilidade se toda a gestão (finanças, publicidade, vendas, compras, recursos humanos, pesquisa e desenvolvimento etc.) for sustentável. Por isso, a gestão da sustentabilidade só é eficaz se for globalmente uma gestão sustentável – de recursos naturais, de pessoas, de capital, de intangíveis.

De certa maneira, a sustentabilidade é a nova qualidade. Explico melhor: ambas as exigências de qualquer produto ou serviço (ser sustentável e ter qualidade) dependem de uma atitude semelhante. Tanto a qualidade quanto a sustentabilidade têm de ser buscadas em toda a empresa e ao longo de toda a cadeia produtiva. Por outro lado, a falta de sustentabilidade, tanto quanto a de qualidade, implica custos e perda de mercado. Ambas são, ainda, requisitos para contratar um fornecedor ou ser contratado como um e são exigências crescentes dos consumidores.

A sustentabilidade atua ainda para qualificar o que sempre se entendeu por qualidade. Agora é preciso, sobretudo, garantir a qualidade ambiental. Por isso, alguns conceitos de gestão da qualidade podem muito bem "conversar" com as estratégias de sustentabilidade.

Uma ideia interessante é a dos tradicionais círculos de controle de qualidade (CCQs), que poderiam muito bem servir de modelo a eventuais círculos de controle da sustentabilidade. Retomemos a ideia original: os CCQs são formas de organização do trabalho em pequenos grupos de pessoas voluntárias diretamente ligadas à produção, com o objetivo de discutir e apresentar soluções a problemas específicos, como questões relativas aos meios de se aprimorar à qualidade dos produtos e serviços e também buscam melhorar o próprio ambiente de trabalho. Congregam-se assim os problemas e as soluções do ponto de vista de cada posto de trabalho e de cada departamento da empresa (Ishikawa, 1986; Juran e Gryna, 1988).

Analogamente, pequenos grupos de trabalhadores da mesma área de trabalho, treinados na mesma filosofia de colaboração no trabalho e em técnicas simples de resolução de problemas poderiam reunir-se voluntariamente para identificar e analisar adversidades, propor soluções sustentáveis e, às vezes, tomar parte na implantação das soluções propostas. A finalidade aqui seria melhorar a estratégia e a gestão sustentável em cada um de seus "calcanhares de Aquiles".

O **processo de melhorias contínuas** (*kaizen*) da produção toyotista também guarda potencialidades para a produção sustentável. Consiste em uma série de práticas e projetos voltados para a busca sistemática de inovações incrementais (e em alguns casos, inovações radicais) dentro do próprio ambiente de trabalho. Tais práticas implicam a relativização da estrutura hierárquica rígida (típica do modelo *taylorista-fordista*) e na existência de uma gestão mais participativa em todos os níveis da organização. A busca permanente de inovações se dá, inclusive, no âmbito do chão de fábrica, no qual pequenas alterações no posto de trabalho ou na máquina de produção (por meio de, por exemplo, pequenas modificações ou adaptações e dispositivos) implicam, via de regra, ganhos significativos para a empresa em termos de melhoria da qualidade dos produtos e aumento da produtividade. *Kaizen* implica também maior valorização do trabalho, isto é, o trabalhador passa a ser considerado como um elemento pensante e criativo. Esse processo de aperfeiçoamento gradual, constante e sistemático objetiva fundamentalmente o aumento da produtividade do trabalho, por meio da eliminação dos chamados 3 M, iniciais de 3 palavras japonesas:

- *Muri*, que significa sobrecarga de trabalho.
- *Muda*, termo para designar desperdício de tempo, materiais e energia.
- *Mura*, falta de regularidade nas operações e/ou atividades.

A filosofia da **produção *just-in-time***, que, na realidade, constitui-se no cerne do sucesso do modelo japonês de gestão do processo produtivo, tem como ideia básica produzir somente o que for necessário (sob a especificação correta), na quantidade e no momento certo. O *just-in-time* consiste em um dos mais poderosos instrumentos de gestão, e tem como propósito principal o de permitir que a empresa atenda à demanda com o máximo de rapidez, informando o momento exato, o material certo e a quantidade precisa de produção ou reposição. Com isso torna-se possível minimizar todos os estoques de matéria-prima, de peças ou produtos em processo (semiacabados) e até mesmo de produtos acabados. A implementação dessa filosofia é bastante facilitada com a utilização do *kanban*, que nada mais é do que uma ferramenta de controle de produção e um sistema de informação de "puxar" a produção. A palavra *kanban* designa uma anotação visível por meio de cartões, símbolos ou painéis. Cabe aqui observar que esse instrumento de trabalho só funciona bem no contexto de uma produção *just-in-time*. Portanto, é comum verificar-se no interior de uma fábrica japonesa (ou até mesmo em qualquer subsidiária localizada em qualquer outro país, como no Brasil) uma série de cartões acompanhando lotes de peças e/ou pendurados em vários painéis distribuídos em pontos estratégicos da fábrica, sinais luminosos e outros sinais, que auxiliam não só a gerência ou a supervisão, mas também os próprios operadores diretos nas tarefas de organização e controle dos fluxos e estoques de materiais (Amato Neto, 2010).

Uma adaptação da produção enxuta para a produção sustentável é o **eco-*kanban*** (Hamzagic, 2010). O método de geração de informações do *kanban* é importante para sistematizar e difundir nos sistemas de informação colaborativos das empresas (abrangendo as empresas fornecedoras e clientes) dados sobre a geração de resíduos (quantidade, qualidade), otimizando o planejamento do reaproveitamento desses resíduos na cadeia de valor. Qualquer tipo de resíduo pode ser objeto dessa metodologia de reaproveitamento, exceto os perigosos; os resíduos precisam ter viabilidade técnica de reaproveitamento, e também viabilidade comercial por meio de acordos com fornecedores que desejem "reproduzi-los" para serem reaproveitados.

Outro elemento da gestão da qualidade que nunca deixou de ser atual e pode ser aplicado com proveito à gestão sustentável são os 14 pontos de Deming para a qualidade e a produtividade, que devem ser considerados como princípios básicos para o desenvolvimento de estratégias de qualidade em qualquer tipo de organização. São eles (Deming, 2000, p. 23-4):

1. Criar constância de propósito de aperfeiçoamento dos produtos e serviços a fim de torná-los competitivos, perpetuá-los no mercado e gerar empregos.

2. Adotar uma nova filosofia. Vivemos em uma nova era econômica. A administração ocidental deve despertar para o desafio, conscientizar-se de suas responsabilidades e assumir a liderança em direção à transformação.

3. Acabar com a dependência de inspeção para a obtenção da qualidade. Eliminar a necessidade de inspeção em massa, priorizando a internalização da qualidade do produto.

4. Acabar com a prática de negócios compensadores apenas no preço. Em vez disso, minimizar o custo total. Insistir na ideia de um único fornecedor para cada item, desenvolvendo relacionamentos duradouros, calcados na qualidade e na confiança.

5. Aperfeiçoar constante e continuamente todo o processo de planejamento, produção e serviços, com o objetivo de aumentar a qualidade e a produtividade e, consequentemente, reduzir os custos.

6. Fornecer treinamento no local de trabalho.

7. Adotar e estabelecer liderança. O objetivo da liderança é ajudar as pessoas a realizar um trabalho melhor. Assim como a liderança dos trabalhadores, a liderança empresarial necessita de uma completa reformulação.

8. Eliminar o medo.

9. Quebrar as barreiras entre departamentos. Os colaboradores dos setores de pesquisa, projetos, vendas, compras ou produção devem trabalhar em equipe, tornando-se capazes de antecipar problemas que possam surgir durante a produção ou durante a utilização dos produtos ou serviços.

10. Eliminar slogans, exortações e metas dirigidas aos empregados.

11. Eliminar padrões artificiais (cotas numéricas) para o chão de fábrica, a administração por objetivos (APO) e a administração por meio de números e metas numéricas.

12. Remover barreiras que despojem as pessoas de orgulho no trabalho. A atenção dos supervisores deve voltar-se para a qualidade e não para números. Remover as barreiras que usurpam dos colaboradores das áreas administrativas e de planejamento/engenharia o justo direito de orgulhar-se do produto de seu trabalho. Isso significa a abolição das avaliações de desempenho ou de mérito e da administração por objetivos ou por números.

13. Estabelecer um programa rigoroso de educação e autoaperfeiçoamento para todo o pessoal.

14. Colocar todos da empresa para trabalhar de modo a realizar a transformação. A transformação é tarefa de todos.

Uma das lições mais fundamentais da gestão da qualidade é a necessidade de estabelecermos métricas, indicadores objetivos dos problemas e dos estágios de suas soluções. O mesmo serve para a sustentabilidade. As grandes empresas têm, cada uma, elaborado seus próprios indicadores de sustentabilidade, em geral considerando as três dimensões já apresentadas do modelo *triple bottom line*: sustentabilidade econômica, social e ambiental. De qualquer modo, vale a pena destacar três modelos de indicadores de sustentabilidade bastante difundidos (facilmente encontráveis na internet), elaborados por três organizações:

- A *Global Reporting Initiative* (GRI), uma organização internacional sem fins lucrativos que desenvolve parâmetros de sustentabilidade empresarial e conta com representantes locais (chamados "pontos focais") em vários países. Seus indicadores cobrem seis categorias: economia, meio ambiente, direitos humanos, práticas trabalhistas e trabalho decente, responsabilidade pelo produto e, por fim, sociedade.

- O Instituto Akatu, organização não governamental brasileira voltada para promoção do consumo consciente. A *escala Akatu* mede e compara a responsabilidade social das empresas; as empresas enviam seus dados para o instituto e este envia os resultados para empresa, os quais podem ser utilizados para divulgá-la junto ao mercado.

- O Instituto Ethos, organização brasileira sem fins lucrativos que desenvolveu os *Indicadores Ethos de Responsabilidade Social Empresarial*. Trata-se de uma ferramenta de uso fundamentalmente interno, para que a própria empresa tenha um diagnóstico de sua gestão.

Todos esses são bons caminhos para a construção de um "sustentômetro". Além de buscar formas de medir o desempenho da organização em termos de sustentabilidade, com a valorização da transparência que acompanha esse novo jeito de fazer negócios, surgem também formas de contabilidade ambiental, que reforçam o dever de dar respostas e prestar contas (*accountability*) para o governo, para a comunidade, para os acionistas e para os parceiros de negócio (*stakeholders*).

A implantação de formas de produção sustentável e de gestão ambiental implica gastos, que podem ser custos (gastos relacionados diretamente à atividade) e despesas ("gastos indiretos"). Mas, do outro lado da balança, a preocupação com a sustentabilidade também pode gerar receitas: por exemplo, com a venda de resíduos para serem reciclados ou servirem à remanufatura ou com os investimentos atraídos pela imagem ética e sustentável que a empresa criou no mercado. Na outra balança, a de ativos e passivos, os valores negativos podem ser os gastos decorrentes de multas por infrações ambientais e, do lado positivo (os ativos), temos o capital (fixo ou circulante) empregado nas estratégias para a sustentabilidade. Eis um resumo do que trata a contabilidade ambiental.

Destaca-se ainda a importância dos relatórios de sustentabilidade e balanços sociais. Nesses relatórios e balanços, todas as ações que a empresa implementa em termos de sustentabilidade e responsabilidade social são descritas e auditadas para poderem enfim ser divulgadas para a sociedade e para investidores atuais ou potenciais. Entram informações como, entre muitas outras:

- Indicadores sociais internos: por exemplo, iniciativas nas áreas de saúde, cultura e educação para os funcionários da empresa.

- Indicadores sociais externos, como apoio a projetos educacionais e socioculturais, a organizações do terceiro setor etc.

- Indicadores ambientais: gestão de resíduos, seleção, avaliação e certificação dos fornecedores por critérios de sustentabilidade etc.

Cabe ao marketing "colocar na vitrine" as práticas de sustentabilidade implementadas em toda a empresa e ao longo de toda a cadeia produtiva, associando os valores da responsabilidade social e da produção e consumo sustentáveis à marca, estimulando e atraindo consumidores conscientes.

Nesse novo contexto das relações de venda e consumo ecologicamente corretas, surgiu o conceito de marketing verde: aqueles contextos de compra e venda comercial em que é valorizada a inteligência ambiental – o descarte mínimo e a gestão inteligente de resíduos, o uso de energias limpas e renováveis, a atenção para os impactos da produção e do consumo no meio ambiente natural e social.

Já em 1971, o maior pensador de marketing, Philip Kotler, com Gerald Zaltman, de Harvard, publicou um artigo intitulado *Marketing social: uma abordagem para uma mudança social planejada* (tradução nossa). Os criadores do marketing social defendiam então que era da lógica do marketing encampar as boas ideias e era mais do que chegada a hora de fazer essa tecnologia trabalhar por boas causas (Kotler e Zaltman, 1971).

Em 2009, Kotler voltou a abordar o marketing social em um livro com Nancy R. Lee, traduzido no Brasil como *Marketing contra a pobreza*. A ideia é que, usando as técnicas tradicionais de marketing, seja possível mudar voluntariamente as atitudes das pessoas, fazendo-as aceitar novos comportamentos, rejeitar hábitos indesejáveis, modificar ou abandonar velhos jeitos de ser e consumir. A grande diferença é que o beneficiário do marketing social não é apenas seu patrocinador, mas precisa ser a sociedade como um todo. É, enfim, um marketing para a mudança (Kotler e Lee, 2009).

Esse exemplo mostra como as disciplinas tradicionais que conhecemos e aplicamos ganham uma nova razão de ser e trazem uma nova forma de se trabalhar para uma sociedade sustentável. É o caso também da ideia de logística humanitária, utilizada principalmente para abastecer populações vítimas de grandes desastres naturais.

As ideias de marketing social ou marketing verde, na esteira dos outros conceitos de sustentabilidade na gestão, no trabalho e na produção de bens e serviços, mostram como se pode e se deve levar a sério os impactos das nossas ações. Afinal, ser sustentável é ter uma visão global, saber que o que eu faço aqui pode repercutir positiva ou negativamente acolá.

Não é isso o que fazem algumas empresas. "Práticas pseudossustentáveis" no mínimo duvidosas são o que se chama de **greenwashing ou branqueamento ecológico**. Assim como se lava dinheiro sujo, lavam-se produtos danosos colocando neles um rótulo sugestivo de serem naturais ou isentos desta ou daquela substância, quando na verdade "o buraco é mais embaixo": o estrago que causam é maior que o benefício que trazem – isto quando de fato trazem algum benefício socioambiental. Qualquer sugestão em marcas, logotipos, rótulos, embalagens, *slogans* etc. pode ser enquadrada nesta prática que poderíamos chamar de "ecoenganação". Tudo isso pode ser punido por meio de conselhos reguladores de publicidade e levar à configuração de crimes contra o consumidor.

Trabalho, cultura e conhecimento

Uma empresa que se pretenda sustentável tem de observar tal filosofia de negócios desde a sua concepção e a partir dos mínimos detalhes. A começar pelas mesas e cadeiras, pelas telas de computador, pela posição das máquinas ou instrumentos de trabalho, pela postura em que cada um irá desenvolver sua atividade. Embora pareçam aspectos menores, são importantíssimos. Uma organização sustentável é também uma organização saudável. Pessoas doentes física ou emocionalmente apenas poderão trabalhar pior, ainda que mais. O entendimento da disciplina da **ergonomia** (do grego *ergon*, trabalho, e *nomos*, leis) é de grande utilidade para a compreensão da interação que existe entre as atividades das pessoas e seu meio produtivo (ambiente de trabalho). Muito mais que a ciência das mesas e cadeiras, a ergonomia busca uma abordagem holística (do grego *holos*, totalidade), na qual são levados em consideração fatores físicos, cognitivos, sociais, organizacionais e ambientais.

Pensemos na análise que fez o psiquiatra e psicanalista francês Christophe Dejours em seu livro *A loucura do trabalho*. Ele classifica a luta por melhores condições de trabalho em três fases (Dejours, 1987, p. 14-26):

- Século XIX: na época da Revolução Industrial predominava uma luta pela sobrevivência.

- Da Primeira Guerra Mundial (1914) até os anos 1960, a palavra-chave passou a ser proteção à saúde, notadamente pela prevenção de acidentes.

- Desde então, cresce a preocupação também com a saúde mental, com as psicopatologias do trabalho. O foco está nos problemas de estresse, medo, ansiedade, insatisfação.

Se concebermos toda organização como um sistema sociotécnico, veremos que é preciso integrar pessoas (os fatores humanos) e infraestrutura material (a técnica), para que esta sirva àquelas. Afinal, o primeiro passo para uma gestão sustentável é o trabalho sustentável.

Como as pessoas são a base de qualquer estratégia organizacional, a gestão de pessoas (ou melhor, *com* pessoas) precisa alinhar-se para as demandas da sustentabilidade. Em primeiro lugar, isso envolve um novo desenho de cargos, planos de carreira e formas de recrutamento e seleção, com maior ênfase nos profissionais que demonstrem maior abertura intelectual para o tema da sustentabilidade. Por ser a questão ambiental, principalmente, um campo sujeito sempre a novas propostas de entendimento, diagnósticos e soluções, a capacidade de buscar novas informações, transformá-las em conhecimento e aplicar as ideias no seu campo de trabalho são habilidades essenciais. Não nos esqueçamos do pensamento sistêmico. Não se pode consertar aqui e estragar acolá, resolvendo "por partes". Também a formação interdisciplinar ou transdisciplinar há que ser valorizada: um economista que só vê números ou um gerente que não tem ideias para minimizar os impactos ambientais do seu setor são pessoas em "estado crítico".

Em decorrência dessa característica volátil do conhecimento, a aprendizagem e o conhecimento organizacional precisam ser valorizados, também na direção da transdisciplinaridade: economia, gestão, sociologia, biologia etc. Esses não são mais conhecimentos estanques. É preciso sempre estar atualizado para conhecer as estratégias dos concorrentes, as possibilidades de inovação e as demandas do mercado consumidor, mas também os impactos de cada decisão no meio ambiente, na reputação da empresa e na eventual responsabilização desta pelos danos causados à comunidade ou à sociedade.

A automotivação de líderes para o pensamento e a prática sustentável de trabalho e gestão deve dar a partida em um motor de boas ideias e boas práticas. Daí surgem implicações para a motivação e para a inovação de processos produtivos, produtos, serviços e métodos de venda.

Liderar para a sustentabilidade implica também trabalhar em equipe e delegar poderes. O empoderamento (*empowerment*), lembremos, funciona a partir do princípio "delegar poderes, assumir responsabilidades". Nenhum lado pode desequilibrar a balança. Além disso, vale a equação: *pessoas criativas = organizações inovadoras.*

Portanto, é preciso educar, motivar pela educação, liderar pela informação, construir conhecimentos em equipe, formando círculos virtuosos. Cada um traz uma nova informação, a ser compartilhada e complementada com outras, formando comunidades de saber e fazendo girar a roda de geração e difusão de conhecimento dentro da organização.

Enfim, é preciso aprender, como pessoas, como equipes, como empresa. Diversas são as formas de aprender: aprender fazendo, aplicando uma ideia, frequentando um curso, pesquisando, "copiando" alguém, interagindo com outras pessoas e empresas.

Vale dizer que o principal é valorizar o compartilhamento de informações dentro da empresa e, em muitos casos, entre empresas – em **redes de cooperação**. Juntando as partes, pode-se conseguir montar um quebra-cabeça. Isso vale porque a maioria das boas ideias e inovações são incrementais:

não se parte do zero, mas se adiciona um andar a mais à construção do conhecimento.

De qualquer modo, vale a ideia de que a única generalização que podemos fazer a respeito das pessoas é de que elas são todas diferentes, embora possuam necessidades em comum. Isso também serve para as organizações. Por isso, cada uma deve desenvolver sua própria forma de gerar e difundir informação e conhecimento, assim como uma estratégia e uma cultura organizacional com a sua cara.

A sustentabilidade requer o engajamento de todos na organização nessa nova forma de se conceber e praticar os negócios e o trabalho. Primeiro, conscientização de todos. Segundo, colocar em prática as boas ideias que compõem a estratégia de ser sustentável. Uma cultura organizacional é composta pelos valores, crenças, símbolos, visões de mundo, formas de geração e difusão do conhecimento. É preciso fazer um marketing interno à organização (endomarketing), mas, sobretudo, é necessário desenvolver uma educação para o desenvolvimento sustentável.

Um pensar sustentável, por uma produção mais limpa e ecoeficiente, só se constrói com incentivos à permanente busca de novos conhecimentos e à (re)qualificação profissional. Pensar criticamente a sua tarefa, a razão de suas atividades no ciclo de produção-consumo-descarte, as formas de ser mais ecoeficiente etc. Tudo isso é a principal tarefa de todos em uma organização sustentável – responsável, lucrativa, inovadora.

"Por que fazer isto deste modo e não de outro?", "no que posso inovar em meu trabalho?", "como incorporar *ecovalor* à minha tarefa?" – com essas ou outras palavras, todos precisam ser incentivados a pensar sobre essas questões.

A criação dessa cultura organizacional, aproximando os problemas e as soluções sustentáveis de todos, depende de ver com novos olhos as ideias de trabalho em equipe, cooperação, criatividade e liderança para um setor, uma empresa, uma cidade ou um planeta sustentável.

Lembremos o que é liderar: é a capacidade de um indivíduo de comandar as ações e induzir o comportamento de outras pessoas (lideradas), a fim de se atingir certo objetivo. Ou melhor: é formar líderes que atuem em seu próprio setor incentivando a si mesmo e aos outros a ter mais prazer com o trabalho, por descobrir o novo e conseguir novas soluções para novos ou velhos problemas.

Gestão sustentável da cadeia de suprimentos

Em seu livro *A história das coisas* (2011), baseado no vídeo homônimo, disponível no YouTube, Annie Leonard, cientista ambiental que passou 20 anos viajando por vários países para pesquisar a questão da produção do lixo e diferentes estilos de vida e formas de produção e de consumo, apresenta uma abordagem sistêmica e muito perspicaz de todo o **ciclo extrair-fazer-descartar**, predominante na economia das coisas do mundo moderno. Nesse sentido, a autora analisa os aspectos centrais da sustentabilidade ao longo de toda a cadeia produtiva (como se pode ver na Figura 3.1).

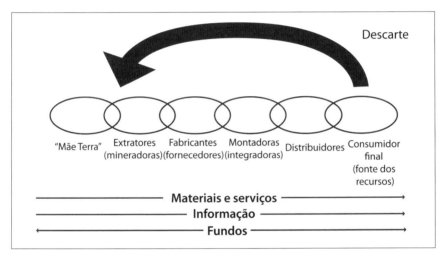

Figura 3.1: Cadeia sustentável de suprimentos.
Fonte: Burt et al. (2004, p. 9).

O primeiro elo da cadeia é o da **extração**, da obtenção dos insumos materiais (matérias-primas) para a produção de quase tudo o que se consome. O que em geral não se percebe é a grande quantidade desses insumos materiais que é necessária para a obtenção de uma unidade de produto acabado. Por exemplo: para a produção de 1 tonelada de papel consomem-se, em média, 98 toneladas de outros materiais (Leonard, 2011, p. 30). Nesse caso, ainda há que se considerar o fato de que para a produção de papel, assim como de outros produtos do nosso dia a dia (móveis, por exemplo), a principal fonte de matéria-prima são as árvores. O avanço do desmatamento para a obtenção dos insumos utilizados em várias cadeias produtivas concorre para piorar a qualidade do ar (as árvores realizam o processo de sequestro de carbono), agravar o processo de mudanças climáticas indesejáveis, além de muitos outros impactos ambientais muito negativos. Segundo dados da União Europeia de 2008, o custo da perda florestal pode ser estimado entre 2 e 5 trilhões de dólares, equivalente a 7% do PIB global a cada ano, aproximadamente (Leonard, 2011, p. 32).

Outro insumo natural de extrema importância é a água, que além de ser utilizada em nosso cotidiano e no âmbito doméstico, é consumida em grandes quantidades na maioria dos processos de produção industrial e agrícola. Ainda no exemplo da produção de papel, consomem-se de 300 a 400 toneladas de água para se obter 1 tonelada de papel, sem que se reutilize ou recicle nenhuma porção da água consumida. Outros exemplos de consumo de água para se obter uma unidade do produto final são vistos no Quadro 3.3.

Quadro 3.3: Consumo de água para a produção de alguns produtos

PRODUTO	CONSUMO DE ÁGUA
1 camiseta de algodão	970 litros
1 xícara de café	136 litros (incluindo a produção, envase e transporte de grãos)
1 automóvel	150 mil litros (em média)

Fonte: Leonard (2011, p. 41).

Deve-se considerar o grande consumo de água utilizada em máquinas de produção industrial, de maneira geral, e para se gerar energia hidráulica. O que se revela extremamente preocupante é que se trata de uma das mais valiosas riquezas naturais da humanidade, cujo estoque está se esgotando frente ao ritmo de crescimento do seu consumo, que, somente no último século, aumentou em 6 vezes, correspondendo ao dobro do crescimento da população mundial. Observe-se, ainda, que do estoque mundial, somente 1% da água é acessível ao consumo humano direto (incluindo água de lagos, reservatórios e as fontes do subsolo).

Entre os vários outros insumos necessários para a produção industrial, destacam-se aqueles materiais não renováveis, que se encontram no subsolo: metais, pedras preciosas e minerais, e produtos orgânicos, principalmente o petróleo e o carvão, cuja extração depende de uma atividade que se constitui em uma das mais agressivas tanto do ponto de vista ambiental quanto social: a mineração. As escavações profundas no solo em busca de metais como ferro, cobre, carvão e também os mais preciosos, como ouro e diamantes, ocorrem via de regra em grandes minas abertas e se, por um lado, representam uma atividade econômica muito atraente e lucrativa para grandes empresas mineradoras, por outro provocam prejuízos incalculáveis do ponto de vista da devastação (os entulhos provenientes da mineração são, em geral, removidos por meio de operações e instrumentos invasivos, como escavadeiras, sondas, explosivos etc.) e perda da biodiversidade de vastas áreas. Também se constituem, de maneira geral, em atividades de alta periculosidade e insalubridade aos trabalhadores. Estes sofrem com as toxinas produzidas nos processos de extração (as substâncias químicas utilizadas nos processos de mineração contaminam cerca de 90 bilhões de toneladas de rejeitos minerais por ano), lesões causadas por equipamentos pesados, explosões, incêndios, deslizamentos. Segundo a Organização Internacional do Trabalho (OIT), a atividade de mineração, embora historicamente empregue apenas 0,4% da força de trabalho em todo o mundo, é responsável, no seu conjunto, por mais de 3% dos acidentes fatais ocorridos no trabalho (cerca de 11 mil acidentes por ano) (Leonard, 2011, p. 49).

Entre os recursos minerais mais importantes e que movimentam toda a economia moderna destaca-se o petróleo. Todo o processo de obtenção (perfuração de poços, processamento e queima) desse recurso envolve procedimentos poluentes e prejudiciais à saúde humana. Os riscos de acidentes estão permanentemente presentes tanto nas etapas de produção quanto nas de transporte desse combustível fóssil. É notório o fato de que a indústria do petróleo, além de provocar vários danos socioambientais, tem financiado guerras altamente dispendiosas com o intuito de proteger o acesso às fontes desse combustível em várias regiões do mundo. A Agência Internacional de Energia (AIE) concluiu, após muitos anos de pesquisas e avaliando cerca de 800 grandes campos petrolíferos do mundo (equivalentes a 75% das reservas globais), que os atuais padrões de consumo de energia são evidentemente insustentáveis (Leonard, 2011, p. 57-8). Outro mineral de grande difusão na matriz energética de muitos países é o carvão, responsável por cerca de 40% da energia do mundo e 49% somente nos Estados Unidos. De acordo com a Agência de Proteção Ambiental estadunidense, a queima desse minério é responsável por, aproximadamente, 40% das toxinas lançadas na atmosfera (Leonard, 2011, p. 64).

Em síntese, pode-se afirmar que nesse primeiro elo de toda a cadeia produtiva (extração) o padrão predominante na grande maioria dos países industrializados está em crise e que a busca por novas fontes renováveis de energia (eólica, solar etc.) deve fazer parte da agenda e ser incentivada pelos governos em todo o mundo.

A etapa seguinte da cadeia produtiva estendida refere-se ao elo da **produção**, que envolve os fabricantes e as montadoras (no caso de produtos mais complexos, produzidos a partir de um grande número de peças e componentes, como automóveis, aeronaves, produtos eletrônicos, computadores e outros). Nessa etapa, devem ser incentivados novos modelos de produção industrial que priorizem a redução do consumo de materiais poluentes e que não envolvam condições precárias de trabalho. Concorrem, nesse sentido, a pesquisa e a implementação de novos métodos e processos de produção, além de novas técnicas de projeto e de desenvolvimento de produtos, que utilizem, por exemplo, as técnicas de avaliação do ciclo de vida do produto (veja no Capítulo 4). O Instituto Wuppertal pelo Clima, Meio Ambiente e Energia reuniu designers, economistas e outros especialistas nas demais áreas de conhecimentos afins e definiu um conjunto de estratégias destinadas à melhoria da eficiência no uso de recursos a partir, por exemplo, da aplicação de ecodesign voltado à racionalização e à redução do tamanho das embalagens dos bens de consumo. Além disso, esse grupo de especialistas definiu outras frentes, tais como: a produção de produtos mais duráveis (minimizando o descarte e a rápida substituição), mais reparáveis, recicláveis (focalizando-se em especial os materiais que não se degradam rapidamente) e adaptáveis (Leonard, 2011, p. 69-70).

A indústria eletroeletrônica constitui-se em um dos casos paradigmáticos tanto em termos de instalações e de processos industriais poluentes quanto na produção de uma gama cada vez mais ampla de produtos com ciclo de vida útil cada vez menor. Um dos primeiros elos da cadeia produtiva refere-se à produção dos semicondutores (*microchips*), que se constitui no cérebro dos computadores e demais produtos da indústria eletrônica. A principal matéria-prima para a produção dos *chips* é o silício, um tipo de areia que, em contato com o ser humano por longos períodos e em níveis elevados, pode provocar muitas doenças pulmonares. No processo de produção dos *chips* também são utilizados outros elementos tóxicos, como antimônio, arsênio, boro e fósforo, que são adicionados ao silício para a condução da eletricidade e para a transformação da corrente elétrica em informação digital (Leonard, 2011, p. 84).

Sob a perspectiva da sustentabilidade ao longo da cadeia produtiva, há que se considerar ainda o elo da **distribuição**, que liga a produção ao consumidor final. Na economia moderna, os meios de transporte viabilizam a distribuição das mercadorias em escala planetária em uma velocidade jamais vista na história da humanidade. Nesse novo contexto, os grandes varejistas transnacionais dominam o comércio internacional e desenvolvem complexas redes de produção e logística, definindo as rotas de distribuição e as regras de governança de toda a cadeia de fornecedores dos produtos. Essas redes são compostas por uma série de outras empresas, que vão desde os produtores de bens manufaturados e de produtos agrícolas, passando por empresas de transporte, armazenamento e outras que são, na maioria das vezes, controladas por essas grandes redes do varejo. Exatamente por deterem poder de governança de toda a rede à montante (para trás), as grandes empresas do varejo impõem suas condições comerciais aos seus inúmeros fornecedores, definindo também os padrões de qualidade e prazos de entrega.

Por outro lado, são essas grandes empresas que possuem também o poder de definir requisitos socioambientais para seus fornecedores, estabelecendo parâmetros e indicadores que se constituam em fatores qualificadores. Vale dizer: aqueles fornecedores que não cumprirem com tais requisitos podem simplesmente perder seus contratos de fornecimento. No Brasil, há um importante exemplo que se refere a uma ação conjunta das três grandes redes do varejo (Carrefour, Walmart e Pão de Açúcar). A partir de uma recomendação do Ministério Público Federal, essas redes decidiram pela suspensão de compras de produtos bovinos de 11 empresas frigoríficas do estado do Pará, por não terem garantias de que a carne não vem de áreas desmatadas na Amazônia. O Ministério Público também encaminhou, à época, recomendação às grandes redes de supermercados e outros 72 compradores de produtos bovinos para que parassem de comprar carne proveniente da destruição da floresta. Por seu turno, o Greenpeace lançou na mesma época (junho de 2009) um relatório intitulado *A Farra do Boi na Amazônia*, no qual denunciou a relação entre empresas frigoríficas envolvidas com desmatamento ilegal e a exploração de trabalho escravo com produtos de ponta comercializados no mercado internacional (Greenpeace, 2013).

Ainda em se tratando do elo da distribuição, cabe um destaque para outro aspecto de fundamental importância do ponto de vista da sustentabilidade ambiental: trata-se do elevado nível de combustíveis fósseis consumidos pelas grandes empresas de transporte marítimo, aéreo e terrestre, assim como dos elevados níveis de emissões de resíduos e gases de efeito estufa. A título de exemplo, apenas no caso do transporte aquaviário, o volume anual de mercadorias transportado por essa modalidade girava em torno de 1,5 bilhão de toneladas/ano, em 2004, movimentando o equivalente a quase US$ 1 trilhão. Estima-se, ainda, que o movimento de contêineres vindo da China, Índia e outras regiões da Ásia para os Estados Unidos deverá triplicar nos próximos 20 anos. Somente o transporte marítimo é responsável por mais de 140 milhões de toneladas/ano de combustível e, em 2005, foi responsável pela emissão de cerca de 30% de CO_2 com a queima de combustíveis fósseis (Leonard, 2011, p. 130).

Assim, uma cadeia produtiva sustentável depende de bons parceiros, de bons fornecedores. O que faz de uma empresa ser um bom fornecedor? Pode-se dizer que, hoje, os critérios são pelo menos quatro: preço, prazo, qualidade e sustentabilidade – não necessariamente nessa ordem.

As grandes empresas desenvolvem cada etapa de sua cadeia produtiva em uma parte do mundo, buscando fornecedores em várias partes do planeta (*globalsourcing*). Em um lugar buscam matérias-primas; no outro, contratam profissionais de design; em um terceiro país, fabricam – e vendem para todo o mundo. A sustentabilidade econômica está nessa visão de um negócio global, mas é preciso cuidar da sustentabilidade social e ambiental em cada local, junto a cada fornecedor.

Em qualquer caso é preciso ter bons fornecedores (bons nos quatro critérios citados anteriormente) e, quando a empresa atua em alguma etapa intermediária da cadeia produtiva, vendendo seus produtos ou serviços para outra, é preciso também ser um bom fornecedor. Afinal, o produto que chegará às mãos do consumidor não virá com as impressões digitais de cada empresa que contribuiu para o resultado final. O bem ou serviço que iremos comprar vem com uma marca, que sofrerá muitas das consequências de um mau serviço dos seus fornecedores. Mas a responsabilidade pode se espalhar por toda a cadeia se uma das empresas desse caminho usou mão de obra em condições análogas à escravidão ou vendeu para outra uma madeira não certificada – todas as peças caem, em um "efeito dominó".

Para selecionar fornecedores, é necessário começar por avaliar sua reputação e imagem, buscando informação junto a seus clientes e em bancos de dados governamentais ou de entidades de classe. É interessante fazer uma pré-avaliação das instalações do fornecedor, bem como realizar testes de qualificação do fornecedor.

Toda a cadeia produtiva, da extração de matéria-prima ao pós-venda, precisa ser sustentável. Para isso, todos os fornecedores devem ser sustentáveis – é preciso estar em boa companhia. É interessante buscar fornecedores certificados segundo as normas da série ISO 14000 (sobre gestão ambiental). Também são relevantes as normas NBR ISO 14041 e NBR ISO 14042, da ABNT (Associação Brasileira de Normas Técnicas), e as diretrizes de responsabilidade social corporativa reunidas nas normas ABNT NBR 16001, ISO 26000 e SA 8000.

Uma prática de grande importância é estabelecer **códigos de conduta** para todos os fornecedores. Um código de conduta precisa conter uma série de compromissos obrigatórios do fornecedor, relativos a:

- Cumprimento das normas, diretrizes e padrões aplicáveis àquele setor produtivo.
- Trabalho e direitos humanos: não discriminação, respeito às normas trabalhistas nacionais e internacionais, não emprego de trabalho infantil ou forçado, garantia às liberdades de sindicalização e negociação coletiva, limitação da jornada de trabalho, equipamentos de segurança e saúde no ambiente de trabalho, salário justo, proteção contra abusos e assédio moral ou sexual.
- Segurança e saúde: equipamentos de segurança, salubridade do local de trabalho, prevenção de acidentes e doenças.
- Meio ambiente natural: uso de matéria-prima certificada, prevenção da poluição, redução do uso de recursos, gestão dos resíduos, proteção da biodiversidade.
- Gestão responsável: medidas anticorrupção, comércio justo, boa reputação, divisão de responsabilidades na empresa e compromisso com a melhoria continuada, marca ética no mercado.
- Responsabilidade social: medidas voltadas para a comunidade.

Vale lembrar que os códigos de conduta e diretrizes éticas para empresas e fornecedores são formas de autorregulação que se juntam às normas estatais impositivas. Entre estas, há leis específicas sobre crimes ambientais e destinação de resíduos; o código civil, que disciplina a responsabilidade civil das empresas por quaisquer danos; legislação trabalhista; a própria constituição, que traz diretrizes para a aplicação de todo o direito. Mesmo direitos humanos ou direitos fundamentais, previstos nas constituições dos países ou em tratados internacionais, são cada vez mais base para a análise jurídica das obrigações e responsabilidades das empresas (Amato, 2014). Veja, no Quadro 3.4, as principais categorias de direitos humanos e exemplos do que esses direitos das pessoas podem implicar em termos da responsabilização das empresas.

Quadro 3.4: Direitos humanos como base de obrigações e responsabilidades das empresas

CATEGORIAS DE DIREITOS HUMANOS	EXEMPLOS DE DIREITOS	CONSEQUÊNCIAS POSSÍVEIS PARA AS EMPRESAS
Direitos civis e liberdades fundamentais	Vida, liberdade (de pensamento, de crença, de associação, de trabalho), propriedade, etc.	Certo produto defeituoso ou impacto ambiental gerado pela empresa pode ofender o direito à vida
Direitos políticos	Estado Democrático de Direito, voto universal e igualitário	O apoio a ditaduras ou a corrupção de políticos podem ser punidos também do lado dos empresários
Direitos sociais	Educação, saúde, moradia, cultura, direitos trabalhistas	Punição das empresas que adotarem trabalho em condições degradantes, em situação de escravidão ou trabalho infantil
Direitos difusos/ transindividuais	Paz, desenvolvimento, meio ambiente saudável	Responsabilização por danos ambientais

Fonte: adaptado de Amato, L. (2014).

Os **direitos humanos**, como a vida, a liberdade e a igualdade, são aqueles considerados os mais essenciais dos seres humanos. Surgiram na Independência Americana (1776) e na Revolução Francesa (1789) e eram dirigidos contra o Estado. Na época, o que se queria é evitar o Estado Absolutista, o rei que tudo podia, contra o qual foram feitas aquelas revoluções. Com o aumento do poder das grandes corporações – algumas com faturamento maior que os PIBs de vários países – e o risco potencial que podem criar à liberdade, ao meio ambiente, à saúde, à democracia, começou-se a pensar que os direitos humanos também podem ser uma arma contra abusos das empresas.

Tal ideia atingiu todos os níveis de negócios: assim, por exemplo, se um comerciante se nega a vender para um consumidor, dando a entender que não vende para pessoas de certa etnia ou religião, pode ser responsabilizado por violação a um ou mais direitos humanos. Isso também vale para os particulares (pessoas físicas) entre si.

O caso da implantação de um código de conduta em uma multinacional francesa de cosméticos é ilustrativo (Kelm e Amato Neto, 2009). Esse caso trata do desenvolvimento de um modelo de referência que delineia as políticas e padrões em termos de responsabilidade social e ambiental que devem ser respeitados por toda a cadeia de suprimentos de uma grande empresa global do setor de cosméticos (empresa "X"). Algumas das principais questões que guiaram o desenvolvimento desse modelo foram:

1) Como alinhar e difundir a estratégia de sustentabilidade socioambiental de uma empresa focal para toda a sua cadeia de suprimentos?
2) Que tipo de instrumento é mais adaptado para a gestão socioambiental do grupo de fornecedores que estão geograficamente dispersos por todo o mundo (*globalsourcing*)?

Nos últimos anos assistiu-se a uma proliferação de ações sociais por parte da empresa "X", envolvendo programas em prol do meio ambiente, financiamento para as escolas nos países em desenvolvimento etc. Nessas ações, a criação de ferramentas que garantam a promoção de uma política de desenvolvimento sustentável e, consequentemente, a promoção de responsabilidade social corporativa são somados: participação em iniciativas internacionais para promover os direitos humanos, o desenvolvimento de códigos de conduta, documentos éticos e relatórios específicos com base na lógica do *triple bottom line*.

Por causa dessa nova realidade, a empresa "X" decidiu investir na formação de sua cadeia de suprimentos a fim de alinhar os níveis de desempenho de práticas socioambientais de seus fornecedores com os padrões exigidos pela empresa. A cadeia de fornecedores da empresa em questão é composta por cerca de 3 mil fornecedores, que estão divididos nas seguintes categorias:

1) Fornecedores de matérias-primas.
2) Fornecedores de embalagens (como jarras, potes, tubos, tampas, vaporizadores, caixas, etiquetas).
3) Fornecedores de produção terceirizada (apenas 6% dos produtos da empresa "X" vêm de fabricação terceirizada).

A empresa "X" prefere realizar a fabricação de seus produtos em suas próprias fábricas e, com isso, exercer maior controle sobre a qualidade de seus produtos e proteger suas patentes e inovações.

Os critérios para avaliar o desempenho de fornecedores são: responsabilidade social e ambiental, qualidade, logística, inovação e competitividade. A política de responsabilidade social corporativa da empresa "X" não se restringe a ações e projetos filantrópicos. Nesse sentido, a empresa começou a adotar uma nova relação com base na visão de redes. Esta visão é desenvolvida a partir de padrões de conduta aplicáveis a todas as atividades da empresa e seus colaboradores internos e externos. Isso é feito por meio de um conjunto de políticas, práticas e programas de gestão que permeiam todos os níveis do negócio e das operações para facilitar e encorajar o diálogo contínuo e a participação das partes interessadas.

Outro caso interessante de gestão sustentável da cadeia de fornecedores se desenvolveu na indústria alimentícia (Graham e Potter, 2010). Trata-se de um estudo desenvolvido por pesquisadores da Queen's University Management School, que buscou elaborar um modelo conceitual para analisar a cadeia produtiva da indúsrria de alimentos. O modelo conceitual busca integrar três das principais teorias da gestão da cadeia de suprimentos, da gestão ambiental e da gestão "verde" da cadeia de suprimentos (*green supply chain management*) – ou seja, a teoria dos parceiros estratégicos (*stakeholders*), da gestão ambiental e das compras verdes, respectivamente. Como ponto de partida, tal modelo conceitual utilizou a teoria das partes interessadas para examinar quais os grupos que potencialmente poderiam influenciar a adoção de estratégia ambiental.

Por outro lado, a pesquisa adotou as seguintes proposições:

1) A pressão dos clientes interessados tende a encorajar as empresas a adotar uma estratégia ambiental.
2) A pressão dos fornecedores interessados incentivará as empresas a implementar uma estratégia ambiental.
3) A pressão dos órgãos reguladores encorajará as empresas a adotar uma estratégia ambiental.
4) A pressão de organizações não governamentais (ONGs) incentivará as empresas a implementar uma estratégia ambiental.
5) As empresas que adotarem uma estratégia ambiental consistente deverão, também implementar compras verdes dentro de sua função de suprimentos.
6) As empresas que implementarem estratégias de compras verdes deverão experimentar melhorias no seu desempenho ambiental.
7) As empresas que implementarem estratégias de compras verdes deverão experimentar melhorias no seu desempenho operacional.

A pesquisa revelou, em síntese, que, ao contrário de outros setores industriais, a indústria de alimentos apresenta um conjunto específico de questões relativas à sustentabilidade, que vão desde poluição ambiental, minimização de resíduos, prevenção da poluição, reciclagem, regulamentação ambiental, à logística de distribuição de alimentos e abastecimento local, práticas de comércio justo, perecibilidade dos produtos, produção orgânica, rastreabilidade e segurança alimentar.

Sob alguns aspectos, as pressões advindas dos requisitos de sustentabilidade dentro dessa indústria podem ser consideradas muito maiores do que em outras indústrias, em virtude de alguns fatores importantes. Em primeiro lugar, a pesquisa sugere que quase 1/3 dos consumidores dos Estados Unidos desejam consumir produtos mais "verdes" e tal pressão é cada vez mais exercida sobre as empresas por meio do poder de compra de clientes. Em segundo lugar, em resposta à dificuldade de competir por preços em segmentos de mercado de baixo custo, muitos produtores de alimentos europeus se adaptaram, tornando-se fornecedores de nicho ambientalmente amigável de alimentos (por exemplo, alimentos orgânicos), em que os clientes estão dispostos a pagar um preço diferenciado para produtos de um segmento de mercado pequeno, mas crescente. Terceiro, a fim de atender e superar as expectativas de seus clientes quanto ao fornecimento de produtos verdes, esses produtores de alimentos estão sendo obrigados a demonstrar que estão implementando práticas de compras verdes, o que inclui a possibilidade de se poder rastrear a origem dos seus produtos em toda a cadeia de suprimentos, tendo em vista as questões de perecibilidade dos alimentos e de segurança alimentar. Finalmente, muitos produtores de alimentos estão cada vez mais atrelados às cadeia globais de fornecimento (*globalsourcing*), especialmente a partir de países em desenvolvimento, onde as questões de sustentabilidade estão sendo alvo de crescente atenção.

Gerando ecovalor

Já vimos que a produção passa por várias etapas, da matéria-prima ao produto final e deste ao descarte e à remanufatura. Toda essa divisão de trabalho forma a cadeia produtiva. O trabalho pode ser dividido entre uma pluralidade de agentes a cada etapa, formando uma rede de cooperação.

Uma maneira diferente de ver essas coisas é focar no valor adicionado a cada etapa ao bem ou serviço que estamos produzindo. Como se gerencia uma cadeia de valor? Com foco no cliente, a partir do que este demandar. Todo o fluxo é acionado pelo cliente, na forma e no ritmo da demanda. O primeiro passo é identificar e eliminar atividades que não adicionam valor (desperdícios) ou fazer com que esses elos da cadeia que não geram nada de bom para o produto final passem a gerar. Essa produção baseada na demanda busca eliminar custos a cada etapa (elo da cadeia, etapa do processo produtivo), gerando produtos com defeito zero e qualidade assegurada para o consumidor. Um cliente satisfeito é satisfeito em termos de: qualidade do produto; custo do produto; tempo e forma de entrega; sustentabilidade da produção e do uso do produto.

Para ser sustentável, a cadeia de valor precisa gerar menos resíduos e/ou saber como descartá-los e reutilizá-los. Isso vale para os resíduos produzidos ao longo de todas as etapas, como mostra a Figura 3.2 (na qual "R" representa os resíduos gerados).

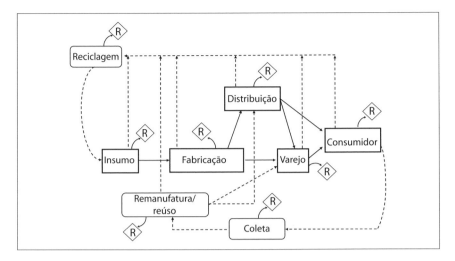

Figura 3.2: A cadeia de suprimentos estendida.

Fonte: Beamon (1999, p. 338).

Mas, e se pensarmos em uma cadeia não só ágil e enxuta, mas também sustentável? Teremos de adicionar pelo menos mais algumas etapas: das vendas ao pós-consumo, do descarte à engenharia reversa do produto ("desprodução") e à produção de um novo bem. Teremos também que considerar dentre os vários custos de produção os custos ambientais. Devemos também atender não só às demandas de qualidade, mas também de sustentabilidade. Enfim, precisaremos agregar um valor de sustentabilidade em cada etapa da cadeia – gerar *ecovalor*. Pensemos em algumas maneiras de fazer isso, ilustrativamente:

- No plano da extração de matéria-prima: apenas fornecedores certificados em termos de manejo sustentável, reflorestamento e não emprego de mão de obra infantil ou (quase) escrava.
- No plano da transformação da matéria-prima: utilização de energia renovável, maquinário de alta eficiência energética, trabalho decente, ações de responsabilidade social corporativa promovidas pela fábrica.
- No plano da distribuição: utilização de transporte multimodal, diminuindo a poluição que seria gerada, por exemplo, se a mercadoria apenas fosse transportada por caminhão.
- Nas vendas: associação da marca ao consumo sustentável, divulgação das ações de sustentabilidade realizadas a cada etapa daquela cadeia, criação de

uma rede de distribuição cujas lojas são construídas ou reformadas segundo padrões de construção sustentável.

- Postos de recolhimentos do produto, encaminhamento para a logística reversa (desmontagem), reaproveitamento do material para a fabricação de um novo bem.

Uma forma de desenho das cadeias de suprimento que permite a otimização do uso de materiais é conhecida como cadeias de suprimentos de circuito fechado (*closed-loop supply chains*). De um lado, encontramos um ou mais fabricantes; de outro, um ou mais varejistas. O varejista tenta vender para os fabricantes e é ao mesmo tempo responsável pela coleta de produtos usados, remetendo-os novamente à manufatura (Gu e Gao, 2012, p. 325).

A RESPONSABILIDADE SOCIOAMBIENTAL EMPRESARIAL

A gestão sustentável demanda uma divisão das responsabilidades dentro da empresa, nos diversos setores, bem como ao longo da cadeia produtiva. Mais ainda, traz uma nova visão do papel das empresas diante da sociedade: não só produzir e abastecer as necessidades dos consumidores, mas também deixar de gerar externalidades negativas (produzir poluindo, utilizando mão de obra infantil, desestruturando formas de vida locais etc.).

Sobretudo, é preciso gerar externalidades positivas. Fazer a sociedade lucrar. Talvez essa ideia resuma o que se quer dizer por cidadania corporativa ou responsabilidade social corporativa. Cidadão, vale lembrar, é quem tem direitos e deveres, ônus e bônus.

A responsabilidade social corporativa ou empresarial normalmente consiste em um fundo beneficente destacado por uma empresa lucrativa para alguma ação junto à comunidade local, a comunidades tradicionais, áreas pobres ou projetos de restauração ou preservação da natureza.

Nessa visão, os grandes problemas sociais (locais, regionais, nacionais) deixam de ser de responsabilidade exclusiva do governo (por meio de políticas públicas) e mesmo das organizações não governamentais. Além de trabalhar em cooperação com essas esferas, as empresas precisam tomar a iniciativa. Para tanto, podem associar suas marcas e seu apoio (financeiro, gerencial, tecnológico) a iniciativas de alto valor social e ambiental.

Essas iniciativas, basicamente, podem ser dirigidas para projetos socioculturais, socioeducacionais e socioesportivos, além de socioambientais (com foco na preservação do meio ambiente natural). Envolvem tanto o patrocínio de grandes instituições culturais (por exemplo, orquestra, museu) quanto o apoio a entidades assistenciais, iniciativas de geração de renda, formação profissionalizante, programas artísticos e esportivos para comunidades carentes, apoio à construção de infraestrutura para essas áreas, enfim, uma lista aberta de necessidades e correspondentes oportunidades de incentivo.

EXERCÍCIOS

1) Identifique, comente e exemplifique as principais diferenças entre o paradigma de produção enxuta (*lean production*) e o paradigma emergente de produção limpa ou sustentável (*cleaner production*).

2) Identifique, comente e ilustre alguns pontos convergentes entre o sistema de produção enxuta (*toyotismo*) e o sistema de produção sustentável.

3) Como o instrumento de mapeamento do fluxo de valor (VSM, *Value Stream Mapping*), oriundo do modelo japonês de produção (*lean*), pode ser utilizado/adaptado no sistema de produção sustentável?

4) Quais são as principias mudanças que o conceito de produção sustentável traz para os modelos de gestão empresarial (*ecogestão*)? Em particular, discuta tais mudanças do ponto de vista dos sistemas de gestão da qualidade e do marketing nas empresas.

5) Identifique e discuta como alguns dos "14 pontos de Deming para a qualidade e a produtividade" podem ser utilizados como norteadores das ações estratégicas com vistas ao desenvolvimento de um sistema de produção sustentável.

4 | Engenharia da produção sustentável

INTRODUÇÃO

Este capítulo mostra como a redefinição das funções empresariais na direção da sustentabilidade dos processos produtivos acabou criando um novo conjunto de ferramentas de gestão de operações que pode ser chamado de engenharia da produção sustentável. São modelos de avaliação de riscos e impactos ambientais, ferramentas de apoio à gerência e à tomada de decisões, estratégias de realinhamento de processos produtivos e destrutivos.

DA RETA AO CÍRCULO

Engenharia sustentável pode ser definida como a aplicação de conhecimentos científicos e técnicos para satisfazer as necessidades humanas em diferentes quadros sociais, sem comprometer a capacidade das gerações futuras de satisfazerem suas próprias necessidades. Para atingir esse objetivo, os cientistas e engenheiros decidiram trabalhar de forma cooperativa, dividindo-se em grupos multidisciplinares que envolvem organizações de todo o mundo (Seliger et al., 2006).

A engenharia de produção sustentável consiste no estudo e nas práticas de gestão da produção em sistemas integrados de homens, máquinas e equipamentos, instalações, materiais, energia e meio ambiente, tendo em vista a continuidade da reprodução dinâmica dos elementos econômicos, tecnológicos, sociais, culturais e ambientais. A gestão da produção sustentável implica uma série de novos conceitos, como análise do ciclo de vida do produto, logística reversa e produção mais limpa. Essas são algumas das principais ferramentas que têm ajudado a consertar muitos problemas de nossa forma de produção e consumo. Paradoxalmente, a estratégia sustentável tem de ser:

- Feita para durar, isto é, apresentar uma visão de longo prazo.
- Feita para mudar, isto é, buscar sua permanente revisão e readequação.

UM MODELO DE PRODUÇÃO SUSTENTÁVEL

O debate a respeito das práticas sustentáveis nas empresas está cada vez mais intenso, envolvendo vários agentes sociais. Percebe-se, no entanto, certa carência de fundamentos científicos e de referenciais mais elaborados na discussão desse tema tão relevante para a vida das empresas e da sociedade.

Do ponto de vista dos efeitos provocados pela produção industrial no meio ambiente, em particular, há que se destacar conceitos muito relevantes, como a produção mais limpa (P+L), ecoeficiência, análise do ciclo de vida (ACV), sustentabilidade ao longo da cadeia de suprimentos (*green supply chain*) e logística reversa, como sendo elementos fundamentais para a elaboração e execução de um plano de sustentabilidade nas empresas.

Relembramos aqui alguns desses conceitos e suas aplicações em sistemas produtivos.

A prática da produção mais limpa (P+L) certamente contribui significativamente para o avanço no caminho da sustentabilidade. Tal prática inicia-se com o projeto e o desenho dos produtos e busca direcionar o design para a redução dos impactos negativos do ciclo de vida, desde a extração da matéria-prima até a disposição final dos produtos. Já em relação aos processos de produção, a P+L orienta para a economia de matéria-prima e energia, a eliminação do uso de materiais tóxicos e a redução nas quantidades e na toxicidade dos resíduos e emissões. Em relação aos serviços, direciona seu foco para incorporar as questões ambientais dentro da estrutura e entrega de serviços.

Hoje, no entanto, constata-se que uma mudança de patamar se faz necessária: a mudança para o patamar do consumo mais limpo. Esse conceito engloba o da P+L e vai além, para a etapa do consumo dos produtos e serviços, a qual inclui as atividades de distribuição, de comercialização, do uso propriamente dito e da destinação final dos produtos. A carência dessa evolução ficou explícita a partir do entendimento de que todas as atividades antrópicas, potenciais causas de todos os impactos ambientais, ocorrem visando ao atendimento das necessidades ou dos desejos da sociedade.

Considerando que todas as necessidades e todos os desejos da sociedade são atendidos por produtos e serviços, conclui-se que a busca pela minimização dos impactos ambientais deve incluir, obrigatoriamente, o percurso dos produtos a partir de sua produção. A trajetória dos produtos desde a extração dos recursos naturais necessários à sua produção, passando por todos os elos da cadeia produtiva e seguindo por distribuição, comercialização, uso e destinação final, é denominada ciclo de vida dos produtos. Nesse contexto, fica claro

(continua)

Engenharia da produção sustentável | **95**

(*continuação*)

UM MODELO DE PRODUÇÃO SUSTENTÁVEL
que uma das vertentes para a consecução da sustentabilidade é o consumo mais limpo. Para "limpar" o consumo é preciso, inicialmente, identificar todas as "sujeiras" ao longo do ciclo de vida dos produtos e, a partir desse diagnóstico, estabelecer um programa de minimização de impactos abrangendo todas as fases desse ciclo.
A avaliação do ciclo de vida (ACV) é uma técnica da gestão ambiental que avalia, de forma quantificada, os efeitos que um produto provoca no meio ambiente ao longo do seu ciclo de vida. Uma característica que diferencia a ACV de outras técnicas da gestão ambiental é o fato de que ela avalia os impactos ambientais associados aos produtos e pode também avaliar os impactos associados ao atendimento de necessidades e de desejos da sociedade.
Como exemplo, pode-se citar a necessidade de "mobilidade dos seres humanos". Essa necessidade pode ser suprida de inúmeras maneiras. A título ilustrativo apresenta-se um exemplo: deseja-se saber qual dos combustíveis – gasolina ou álcool – é mais agressivo ao meio ambiente. A primeira vista poder-se-ia pensar em fazer a comparação a partir dos estudos de ACV de cada um dos dois produtos; no entanto, do ponto de vista sistêmico, a validade maior seria a de comparar os resultados dos seguintes estudos de ACV: 1) "Deslocar quatro pessoas por 100 km em um veículo movido a gasolina" e 2) "Deslocar quatro pessoas por 100 km em um veículo (o mesmo do caso anterior) movido a álcool".
A aplicação de tais conceitos, aliados a uma decisão estratégica de considerar, além dos aspectos ambientais (planejamento de ações de conservação da biodiversidade, proteção da qualidade dos recursos hídricos, gestão ecologicamente racional dos produtos químicos tóxicos e dos rejeitos perigosos), os imperativos sociais (ações contra a pobreza, novas modalidades de consumo, ações de proteção e fomento à saúde humana, e ações contra a exploração do trabalho infantil e escravo, e, por outro lado, medidas a favor de condições decentes de trabalho) deverão nortear o futuro das empresas e organizações de sucesso no futuro próximo.
Trata-se, de fato, de uma ruptura de paradigma de produção e de consumo e de um processo permanente de aprendizagem, no qual todos os agentes sociais públicos e privados deverão estar conscientes e mobilizados.

Fonte: Silva e Amato Neto (2011).

Estamos acostumados a pensar tudo em linha reta. Minha ação gera certo resultado, que vai gerar tal impacto, que vai ter essa ou aquela consequência. Mas esse pensamento linear não é o bastante para quem quer fazer as coisas levando em consideração a sustentabilidade. O pensamento sustentável deve partir de duas ideias fundamentais:

- Complexidade: ou seja, as várias possibilidades do que pode acontecer a partir de cada ação.
- Contingência: ou seja, a incerteza quanto ao que pode acontecer ou não.

Daí surge a necessidade de se precaver até mesmo dos impactos ambientais incertos. Surge também uma nova forma de conceber a produção de bens e serviços: não mais a linha reta: do berço ao túmulo (o produto nasce, cresce e morre – é descartado quando "não serve mais"); mas sim o círculo – é preciso fazer com que aquele produto que não queremos mais se transforme em algo que queiramos, fazer algo novo a partir dos materiais do velho.

Pensemos em linha reta:

Matérias-primas → Fabricação do produto → Produto → Consumo do produto → Produto usado → Resíduos

O que fazer com os resíduos gerados na transformação da matéria-prima? Arranjar uma boa forma de descartá-los. E com o produto usado, que não serve mais? Doá-lo para alguém, que eventualmente consiga consertá-lo ou, de qualquer modo, tomar para si a responsabilidade de "dar um fim" naquilo.

Essas são as respostas corretas? Para um pensamento linear, talvez.

Só que lixo gera lixo... e a bola de neve vai crescendo... e os lixões vão se alastrando... e muitos continuam sem ter acesso aos bens de consumo... e as empresas têm de comprar novos insumos para produzir novos produtos, que serão descartados, gerando novo lixo... – o que se tem aí é um círculo vicioso.

Vamos olhar de novo para o esquema anterior, focando nas duas fases em destaque:

Matérias-primas → Fabricação do produto → Produto → Consumo do produto → Produto usado → Resíduos

Agora pensemos na forma de um círculo virtuoso:

- Depois de fabricar o produto, usando matérias-primas e energia, acabamos gerando resíduos, que podem ser reutilizados como insumos da fabricação de outros produtos – por exemplo, do processamento da cana-de-açúcar resulta como subproduto o bagaço, que pode ser utilizado para a geração de energia elétrica.

- E o produto, depois de não servir mais a ninguém, ainda terá alguma utilidade? Sim. Sempre haverá peças, componentes, matéria aproveitável na produção de um novo produto. Se não for possível reutilizar o bem (primeira opção), talvez seja possível recuperá-lo, recondicioná-lo ou usá-lo para fazer algo mais moderno, em novo formato.

Note que esses círculos virtuosos valem não só para quem fabrica bens, mas também para quem presta serviços – por exemplo, o que fazer com as embalagens, as sacolinhas, a papelada gerada por um serviço de vendas, por um atendimento bancário, por um relatório de consultoria?

Além disso, essas ideias valem também para cada um dos funcionários, de acordo com seu setor de atividade, por exemplo, com papéis, cartuchos de impressora, enfim, resíduos que seu trabalho gera minuto a minuto.

OS 4 "R"S

Uma forma interessante de pensar soluções para a destinação dos resíduos que geramos é a ideia dos 4 "R"s:

- Precisamos **reduzir** a quantidade de matéria usada nos nossos produtos e serviços – isso tem a ver com a mentalidade "enxuta" que já existe no paradigma de produção atual; significa reduzir custos e materiais.
- Se não conseguimos reduzir, precisamos tentar **reutilizar** os resíduos que geramos e aquilo que fabricamos ou consumimos, isto é, dar uma nova utilidade para o produto ou subproduto, sem ter de processá-lo novamente.
- Se não der para reutilizar, teremos de **reciclar**, ou seja, usar um produto como matéria para produzir outro.

Está faltando o último "R". Há várias propostas do que seria este último "R", já que o esquema nasceu como 3 "R"s (reduzir, reutilizar, reciclar). Para alguns, o quarto "R" seria repensar; para outros, seria reeducar. As duas melhores opções parecem ser:

- **Remanufaturar**: seria algo mais complexo que reciclar e surgiria quando não há uma boa solução de simples reciclagem. A remanufatura envolve a triagem de material, desmontagem e remontagem, bem como testes de funcionalidade.
- Não havendo boa solução de reciclagem, a opção fica entre remanufaturar ou **reintegrar** o produto à natureza. Essa reintegração se dá, por exemplo, na forma de adubo orgânico, produzido a partir de restos de alimentos (de um restaurante, de uma indústria alimentícia etc.).

PRODUÇÃO MAIS LIMPA

Então, a lição é a seguinte: continuamos a fazer tudo como sempre fizemos e, no final, colocamos um lixo para recolher o material reciclável ou um filtro para limpar um pouco a fumaça que sai das nossas chaminés.

Depois disso, plantamos uma árvore na frente do estabelecimento e partimos para o marketing: somos sustentáveis!

Não há nada mais errado do que esse pensamento.

Essa forma de entender as coisas é a convencional. Continuamos a gerar resíduos. Depois vamos ver o que fazemos para descartá-los. Continuamos a poluir, mas tentamos só neutralizar um pouco os efeitos com um filtro na chaminé.

Esse é o chamado controle fim de tubo dos impactos ambientais. Só vê o problema no fim do caminho e, por isso, não busca prevenir as causas, não olha para as pedras no meio do caminho. É o que representa a Figura 4.1.

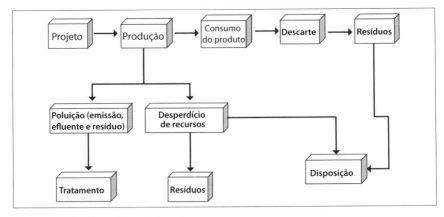

Figura 4.1: Controle "fim de tubo".
Fonte: adaptada de Furtado (2005).

A filosofia da produção mais limpa surgiu em contraposição a essa ideia de tratar a poluição, os resíduos, o mal gerado só depois que já foi criado o problema. É preciso antes diminuir o problema, controlar a geração de resíduos a cada passo.

A ideia de que as coisas – brinquedos, carros, eletrônicos – têm vida, têm história e podem nascer ou morrer não pertence mais apenas ao universo dos desenhos animados, pelo menos metaforicamente. A análise do ciclo de vida dos produtos colabora para se pensar uma produção de bens e serviços que gere menos impactos ambientais.

Partamos da constatação de que todo bem ou serviço que consumimos gera impacto ambiental. Muitas vezes descartamos algo que ainda não foi plenamente consumido – ainda dava para usar, mas já cansamos daquilo. Isso gera mais impacto ambiental. Mas mesmo antes de comprarmos, todo o processo de produção daquilo que compramos já espalhou seus vestígios em muitos lugares, deixou suas marcas e fez história.

Para criar, precisamos destruir. Essa razão precisa ser revista e readequada. Se os recursos naturais são finitos, precisamos tratá-los com economia, com lógica, reduzindo os impactos sobre o que vale mais em sua forma original do que como matéria-prima para algum bem que precisemos produzir.

A análise do ciclo de vida busca identificar tais impactos produzidos durante toda a vida do produto – desde a extração das matérias-primas até o fim, quando o produto deixa de ter uso e é descartado como resíduo, passando por todas as etapas intermediárias (manufatura, transporte para distribuição etc.). Os pontos centrais para avaliarmos tal impacto são:

- O fluxo de materiais e de energia no processo de produção.
- Os sistemas de transporte e distribuição.
- O uso de combustíveis, eletricidade e calor durante a produção.
- As formas de uso dos produtos.
- A disposição e o descarte dos resíduos do processo produtivo e do produto.

Das campanhas ambientalistas do Greenpeace na década de 1980, surgiu a expressão **produção mais limpa**, que ganhou força com o programa *Cleaner Production* do Pnuma (Programa das Nações Unidas para o Meio Ambiente). Produção mais limpa é mais abrangente que a ideia dos 3R (reduzir, reusar e reciclar). Sua filosofia consiste na substituição do modelo *end-of-pipe* (controle, contenção e tratamento no interior da fábrica) por conceitos, estratégias e procedimentos que levam em conta a prevenção dos impactos à saúde e ao ambiente, do berço à cova, ou seja, matéria-prima e suas fontes naturais, processos industriais, uso ou consumo de produtos, destinação e tratamento de resíduos, produto e suas embalagens. A nova abordagem enfatiza a necessidade de se pensar a questão da sustentabilidade de forma mais consequente, desde as fases de concepção, projeto e desenvolvimento do produto, até a fase do seu descarte após sua utilização por parte do consumidor final (Furtado, 2005).

Precisamos substituir na prática o "depois trato disso" pelo sábio ditado de que "é melhor prevenir do que remediar". É o que propõe a produção mais limpa. Em vez da tradicional lógica, que pensava a trajetória de vida de um produto do "berço ao túmulo" (ou seja, desde a sua criação até o descarte para o lixo), a produção mais limpa trabalha com o princípio "do berço ao berço": após seu uso, o produto deve ser reciclado ou reutilizado de tal forma a minimizar a perda de materiais e energia.

A Figura 4.2 representa um sistema de produção mais limpa. Compare-a com a Figura 4.1 para perceber as diferenças.

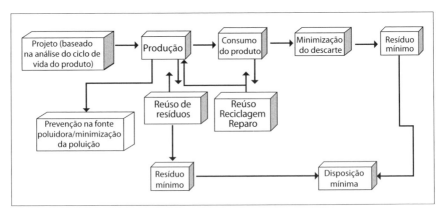

Figura 4.2: O modelo de produção mais limpa.
Fonte: adaptada de Furtado (2005).

Concretizar a produção mais limpa é um primeiro passo para qualquer negócio que se pretenda sustentável. Podemos entender que um programa de produção mais limpa tem seis estágios:

1. Planejamento: aqui é importante o compromisso da direção da empresa com o programa; deve-se definir a equipe que irá implementá-lo e iniciar a sensibilização de todos, identificando-se as barreiras e desenhando-se as metas.
2. Diagnóstico: agora precisamos desenhar um mapa dos problemas; elaborar fluxogramas do processo produtivo (como aqueles apresentados nos dois capítulos anteriores) e identificar as entradas e saídas e os pontos críticos de geração de resíduos.
3. Avaliação: é preciso elaborar o chamado balanço de massa. Em cada saída de matéria, em cada estágio da produção, vale a equação: *saída = entradas + acúmulo*. A partir daí é que poderão ser elaboradas as opções de produção mais limpa.

4. Viabilidade: chegou a hora de fazer uma avaliação prévia e analisar a viabilidade das possíveis soluções do ponto de vista técnico, econômico e ambiental.
5. Implementação: escolhidas as opções de produção mais limpa a cada etapa, é chegada a hora de programar sua implementação.
6. Monitoramento e melhoria contínua: é preciso monitorar a implementação das soluções, inclusive para fazer eventuais reparos no que foi programado. Reavaliando sempre o desempenho das estratégias adotadas, deve-se seguir buscando sua melhoria contínua.

LOGÍSTICA REVERSA E REMANUFATURA

Assim como sempre estivemos acostumados a pensar linearmente, também concentramos nossas atenções apenas em um sentido da linha: tudo se resumia a setas da esquerda para a direita: produzir → distribuir → consumir.

Olhando só a ida, nunca pensávamos na volta. Mas é justamente isso o que propõe a logística reversa. A Lei federal n. 12.305/2010 instituiu no Brasil a Política Nacional de Resíduos Sólidos (PNRS), prevendo a responsabilidade compartilhada, entre indústrias, revendedores, sociedade civil e governo, pela coleta e correta destinação dos resíduos sólidos. Surge então o campo da logística reversa, já que, se uma empresa não der um fim ambientalmente adequado ao produto que vendeu, pode ser responsabilizada juridicamente na etapa do "pós-venda" e do "pós-consumo".

A logística reversa é uma subárea da logística especializada na administração dos produtos e materiais no momento pós-venda e pós-entrega ao consumidor. Partindo do elo final da cadeia produtiva na sua abordagem tradicional, ou seja, do cliente, esta visão inverte o fluxo dos materiais, passando pela seleção dos componentes de um produto acabado após sua utilização por parte do consumidor final. Envolve todas as etapas do processo produtivo, desde as suas etapas finais até as iniciais, de uma forma invertida da tradicional (expedição, embalagem, acabamento, fabricação). Tal abordagem tem por objetivo maior aplicar o princípio dos 3 "R"s na perspectiva de recuperar ao máximo os componentes, peças e materiais utilizados na produção dos produtos, minimizando, desse modo, o volume do descarte e, consequentemente, a quantidade de lixo gerado. A Figura 4.3 exemplifica como funciona o processo logístico reverso: ao contrário do tradicional.

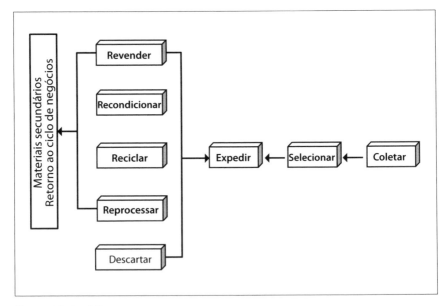

Figura 4.3: Logística reversa.
Fonte: adaptada de Lacerda (2009, p. 3).

Observe que o descarte deve ser mínimo e surge como a última opção, devendo-se tomar cuidado para reintegrar os materiais à natureza de forma que esta consiga processá-los em seus próprios processos e ciclos. O melhor, como se vê, é buscar novas oportunidades de produção a partir do material coletado.

Outra prática afim à da logística reversa é a **remanufatura**, que pretende refazer produtos como se fossem novos, mas a partir de materiais descartados. Seu potencial ainda não está totalmente explorado, pois isso envolve processos produtivos complexos e muitas vezes realizados de forma manual, utilizando-se de modelos variados de produtos. Além disso, ainda há muita falta de informações sobre produtos, altos custos de peças sobressalentes, problemas de qualidade, bem como a obsolescência tecnológica e estilística, o que faz a remanufatura de muitos produtos ainda pouco rentável. Uma breve análise das estruturas de custos na indústria de remanufatura revelou os principais componentes de custos: aquisição de peças, triagem manual, desmontagem e remontagem, bem como testes de funcionalidade manual (Seliger et al., 2006).

ANÁLISE DO CICLO DE VIDA DOS PRODUTOS

Entende-se por impacto ambiental qualquer modificação no meio ambiente, adversa ou benéfica, que resulte, no todo ou em parte, das atividades, produtos ou serviços de uma organização. Nesse sentido, a avaliação ou análise do ciclo de vida (ACV) é a única ferramenta da gestão ambiental que permite a avaliação integral dos impactos ambientais associados aos produtos (Silva e Kulay, 2006). A ACV avalia o desempenho ambiental dos produtos ao longo de todo o seu ciclo de vida, desde a obtenção dos recursos naturais (berço) ao descarte final (túmulo) ou à reinserção dos recursos (berço novamente). Trata-se, de fato, de uma ferramenta de apoio à tomada de decisões, pois gera informações, mas não resolve problemas. A ACV também avalia os impactos associados à função do produto e compara desempenho ambiental de produtos que exercem a mesma função. O método básico da ACV se dá em duas tarefas: uma delas é identificar todas as interações entre o meio ambiente e o sistema do ciclo de vida do produto; a outra é avaliar os possíveis impactos ambientais decorrentes das interações do produto com o meio ambiente.

Para ajudar nesse trabalho existem bancos de dados, que são um inventário de ciclo de vida de elementos comuns à produção de muitos produtos, como energia, transporte e água. Esses bancos de dados têm caráter regional, pois o impacto ambiental depende de cada ambiente, de cada região. Por exemplo, o impacto ambiental do uso de 1 kWh no Brasil é diferente do da França. Algumas das informações relevantes na ACV são aquelas sobre: fluxo de materiais e de energia no processo de produção; distribuição e transporte; produção e uso de combustíveis, eletricidade e calor; aquisição primária de energia e o processamento do combustível para uma forma utilizável; uso dos produtos; disposição dos resíduos do processo e produto. A ACV fornece um inventário das entradas e saídas de cada produto, compondo-se de diversos fatores:

- Base de informações sobre as necessidades totais de recursos.
- Identificação de pontos críticos dentro do ciclo de vida do produto ou dentro de um processo produtivo, em que sejam possíveis consideráveis reduções de recursos e emissões.
- Comparação das entradas e saídas do sistema associadas com produtos alternativos, processos ou atividades.
- Ferramenta de auxílio no desenvolvimento de novos produtos.

A análise do ciclo de vida compõe-se de quatro fases (Chehebe, 1997, p. 21-8):

1. Definição do objetivo e do escopo: a definição do objetivo do estudo de ACV específico deve incluir de forma clara os propósitos pretendidos e conter todos os aspectos considerados relevantes para direcionar as ações que deverão ser realizadas. O escopo refere-se à aplicabilidade geográfica, técnica e histórica do estudo.
2. Análise do inventário do ciclo de vida: trata-se da etapa de coleta e quantificação de dados sobre as diversas variáveis (matéria-prima, energia, transporte, emissões atmosféricas, efluentes, resíduos sólidos etc.) envolvidas no ciclo de vida do produto ou processo produtivo.
3. Avaliação do impacto: variando em grau de detalhamento, trata-se da avaliação da magnitude dos impactos ambientais gerados por certo produto ou processo.
4. Interpretação: análise dos impactos ambientais identificados e proposição de medidas.

ECOEFICIÊNCIA

O World Business Council for Sustainable Development (WBCSD), uma rede global de cerca de 200 das maiores empresas do mundo, liderada por seus CEOs, tem como um dos conceitos-chave de sua atuação a noção de ecoeficiência. Para eles, a ecoeficiência diz respeito a "criar mais valor com menos impacto". Em outros termos, trata-se de "fazer mais com menos". A ecoeficiência é atingida quando se "entrega, a preços competitivos, bens e serviços que satisfazem necessidades humanas e trazem qualidade de vida, enquanto progressivamente são reduzidos os impactos ecológicos e a intensidade do uso de recursos ao longo do ciclo de vida (do produto), até se chegar pelo menos à capacidade de carga da Terra", isto é, à capacidade de reposição dos recursos naturais, para que não se esgotem (WBCSD, 2006, p. 3).

Em síntese, as principais práticas voltadas ao aprimoramento da ecoeficiência são:

- Reduzir a intensidade do uso de materiais.
- Reduzir a intensidade de energia.
- Reduzir a dispersão de substâncias tóxicas.

- Fortalecer a reciclagem.
- Maximizar o uso de materiais renováveis.
- Estender a vida útil dos produtos.

Para avaliar o desempenho da ecoeficiência, precisamos inserir indicadores em todas as etapas e operações necessárias para a obtenção de um produto. Alguns desses indicadores são aqueles de:

- Projeto.
- Produção.
- Tecnologia.
- Utilização de ferramentas.
- Desempenho do produto.

A lógica predominante da ecoeficiência traduz-se pela ideia de se conceber e projetar o produto do berço ao berço. Em um berço está um produto recém-nascido, que é vendido e vai sendo consumido até ser descartado. Seus componentes são reaproveitados, então, na gestação de um novo produto, nascido do anterior. É o segundo berço.

Assim, produzimos, fazemos uso do produto, o reutilizamos e o ciclo continua, com o mínimo de perda de material possível. É um esforço que vai da concepção do produto à sua utilização e à reinserção na economia após uso. Como propõe o WBCSD, a ecoeficiência envolve pelo menos cinco dimensões:

Processos otimizados: passar de custosas soluções *fim de tubo* para abordagens que previnam poluição em primeiro lugar.

Reciclagem do lixo: usar subprodutos/resíduos de uma produção como matérias-primas e recursos para outro produto = zero resíduo.

Novos serviços: por exemplo, arrendar produtos (*leasing*) em vez de vendê-los, o que altera as percepções da empresa, estimulando uma mudança de foco para a durabilidade do produto e a reciclagem.

Redes/organizações virtuais: recursos compartilhados aumentam a efetividade do uso de ativos físicos.

Ecoinovação: produção mais inteligente pelo uso de conhecimento para tornar a fabricação e o uso de produtos mais eficientes do ponto de vista dos recursos envolvidos.

ECODESIGN

O ecodesign, design para o meio ambiente (*design for the environment –* DfE) ou design ecológico consiste na elaboração de um plano sistemático de melhorias em determinado sistema de produção. Alguns dos princípios do ecodesign consistem na consideração de mudanças do sistema produtivo ao longo do tempo e na imaginação de alternativas no processo produtivo, partindo de uma visão geral para uma visão detalhada. Isso envolve colher inicialmente informações sobre o produto, como dimensões, peso, performance, tempo de vida esperado e funcionalidade. Como as outras ferramentas de produção sustentável, o ecodesign parte de dados sobre o uso de matérias-primas, as externalidades envolvidas em sua obtenção e os "efeitos colaterais" gerados durante o processo produtivo, a distribuição, o uso e a manutenção do produto, até o final de seu ciclo de vida. Isso envolve um inventário do produto e do processo produtivo quanto a materiais problemáticos utilizados, tecnologias de produção e resíduos do processo, impacto do transporte e do uso de embalagens, usabilidade, consumo energético, poluição gerada pelo produto, taxa de reusabilidade do produto, entre outros fatores. (Wimmer et al., 2004). Uma das aliadas do ecodesign é a química verde, voltada à substituição de produtos e processos químicos por equivalentes que reduzam ou eliminem a geração de substâncias poluentes e geradoras de riscos ao meio ambiente e à saúde humana (Archer et al., 2008, p. 87).

PEGADA ECOLÓGICA E PEGADA HÍDRICA

A pegada ecológica é uma forma de apresentação dos impactos ambientais gerados por uma pessoa, uma empresa ou uma região (cidade, país). Em termos territoriais, trata de quantificar o tamanho de áreas produtivas terrestres e aquáticas (em hectares) necessárias à geração dos produtos que uma pessoa ou uma comunidade consomem (WWF, 2014). Uma aplicação desse conceito é a ideia de pegada d'água ou pegada hídrica (*water footprint*), pensada pelo professor holandês Arjen Hoekstra em 2002. Tal pegada consiste, em termos geográficos, na quantidade total de água utilizada ou poluída para a produção dos produtos consumidos em certa localidade. Em termos do processo produtivo, a pegada hídrica pode ser mensurada em cada etapa da cadeia produtiva. Em geral, o maior consumo de água está relacionado à agricultura, enquanto a indústria pode gerar uma grande pegada d'água principalmente em termos de poluição. Costa (2014) propôs uma forma de gestão da pegada hídrica que consiste na aplicação do tradicional ciclo PD-CA de gestão da qualidade (criado por Deming):

- Planejar: práticas de governança, elaboração de políticas e diretrizes, atendimento da legislação e regulações e identificação de riscos e oportunidades.
- Executar: elaborar e aplicar um plano de ação para o gerenciamento da água e efluentes.
- Controlar: monitorar as ações e o cumprimento de metas e indicadores.
- Realizar ações corretivas: revisar a estratégia de gestão hídrica.

GESTÃO AMBIENTAL

As normas da série ISO 14000 fornecem um padrão mundial de gestão ambiental, cuja adoção pode gerar uma certificação de grande valor junto ao mercado. Essa norma internacional, surgida em meados dos anos 1990, tem como objetivo melhorar o desempenho ambiental, estimular a prevenção da poluição e aprimorar a conformidade com as diferentes legislações ambientais. As empresas passaram a identificar as questões ambientais como uma grande vantagem competitiva, pois:

- Geram redução de custos por meio da economia de recursos naturais e da minimização de resíduos.
- Conseguem atingir mercados restritos e mais exigentes, tais como os da União Europeia.
- Criam um apelo de marketing e melhoram a sua imagem institucional nos mercados.

Na sua essência, o sistema de gestão ambiental com base nas normas da série ISO 14000 enfatiza a necessidade de se analisar todos os aspectos relativos ao sistema produtivo, considerando não somente a produção de bens e serviços, como também a produção de elementos indesejáveis, como as saídas acidentais de refugos e a emissão de gases poluentes. A Figura 4.4 busca sintetizar essa lógica.

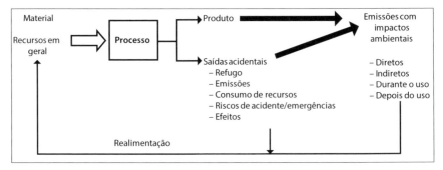

Figura 4.4: Sistema de gestão ambiental: ISO 14000.
Fonte: adaptada de Fundação Vanzolini (2004).

Com a obtenção de tal certificação, as empresas podem operar de modo a diminuírem muito as chances de serem submetidas a ações de responsabilidade civil em decorrência de algum impacto ambiental proveniente de suas operações, além de conseguirem atender a regulamentações cada vez mais rígidas. O Sistema de Gestão Ambiental a ser implementado com base na ISO 14001 é, de certa forma, uma adaptação da filosofia da série ISO 9000 sobre gestão da qualidade. A ISO 14001 é uma norma de caráter universal, aplicável a todos os tipos e tamanhos de organização, e permite o estabelecimento de procedimentos de trabalho que visem à satisfação dos objetivos, metas e da política ambiental da organização.

As bases fundamentais do Sistema de Gestão Ambiental, segundo a ISO 14001, são:

- Prevenção no lugar da correção.
- Planejamento de todas as atividades, produtos e processos.
- Estabelecimento de critérios.
- Coordenação e integração entre as partes (subsistemas).
- Monitoramento contínuo.
- Melhoria contínua.

As várias etapas do processo de implantação de um sistema de gestão ambiental, segundo a ISO 14000, seguem a lógica do PDCA (Planejar, Executar, Controlar e Realizar ações corretivas). A implantação das normas da série ISO 14000 envolve uma sequência de etapas, como pode ser visto na Figura 4.5.

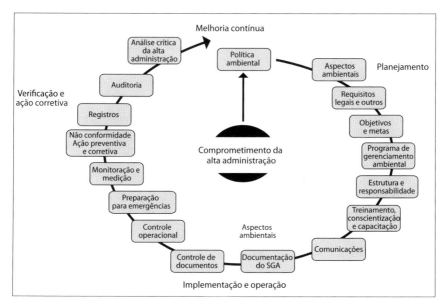

Figura 4.5: Etapas da implementação do sistema de gestão ambiental.

Fonte: adaptada de Fundação Vanzolini (2004).

Vale destacar que conformidade com a ISO 14000 não é suficiente para conferir imunidade em relação às obrigações legais de cada região ou país. Em síntese, pode-se afirmar que o grande objetivo dessa norma é conciliar a proteção ambiental com as necessidades socioeconômicas da população. Cabe salientar que o sistema de gestão ambiental pode estar integrado a outros sistemas de gestão da organização, por exemplo, com o sistema de gestão da qualidade baseado na ISO 9000 e com o sistema de responsabilidade social (ISO 26000), configurando-se, dessa forma, um sistema integrado de gestão (SIG), prática esta que vem sendo adotada por inúmeras empresas, tendo em vista otimizar a alocação de recursos humanos e materiais.

A ISO 26000 para responsabilidade social Corporativa (RSC) é uma norma de diretrizes, sem o propósito de certificação. É aplicável a todos os tipos e portes de organizações (pequenas, médias e grandes) e de todos os setores (governo, ONGs e empresas privadas). A norma define que responsabilidade social é a responsabilidade de uma organização pelos impactos de suas decisões e atividades na sociedade e no meio ambiente, por meio de um comportamento ético e transparente que:

- Contribua para o desenvolvimento sustentável, inclusive a saúde e o bem-estar da sociedade.
- Leve em consideração as expectativas das partes interessadas.
- Esteja em conformidade com a legislação aplicável.
- Seja consistente com as normas internacionais de comportamento.
- Esteja integrada em toda a organização e seja praticada em suas relações.

Vale lembrar que, além da certificação obtida pelo respeito às normas da série ISO, outras normas e iniciativas trazem ao centro a questão da sustentabilidade. O tema é vastamente tratado do ponto de vista normativo, isto é, há uma miríade de códigos, normas, princípios e modelos que se destinam nortear as boas práticas das empresas e organizações. No seu conjunto, tais códigos, padrões, princípios e normas servem para certificar e avaliar empresas que estão a caminho da sustentabilidade. Dessa forma, as empresas podem se apoiar em referenciais de reconhecimento universal e se planejarem para o desenvolvimento de ações mais consistentes para atingirem seus objetivos. Além disso, aquelas empresas que seguem de maneira correta tais normas e códigos obtêm um certificado, que pode ser divulgado a todos os seus parceiros de negócio (*stakeholders*) e, consequentemente, podem também ser consideradas referências em seus respectivos ramos de atuação.

O *Global Compact*, criado em 2000, é uma parceria internacional que reúne a ONU, empresas e organizações da sociedade civil e pública. Estabelece princípios a serem incluídos na estratégia e na operação das empresas. De adesão voluntária, esse pacto engloba dez princípios agrupados em quatro categorias, a saber: direitos humanos, direito do trabalho, proteção ambiental e ações contra a corrupção.

Por outro lado, as Diretrizes da OCDE para empresas multinacionais apontam que os governos são obrigados a promover um código de conduta que induza um comportamento responsável para o setor privado em áreas como direitos humanos, abertura de informações, combate a corrupção, impostos, relações trabalhistas, meio ambiente e respeito ao consumidor. Cabe salientar que são os governos e não as empresas que podem aderir a tais diretrizes. Por outro lado, observa-se que essas diretrizes vêm se tornando uma referência para a criação de códigos de conduta para empresas. Em alguns países, como França e Holanda, a empresa só pode exportar seus produtos e serviços se comprovar adesão às diretrizes.

A *Global Reporting Initiative* (GRI) foi criada em 1997 e refere-se a um conjunto de indicadores que visam à criação de um padrão global de divulgação de informações sobre desempenho econômico, ambiental e social. A adesão às diretrizes da GRI é voluntária, gratuita e de livre acesso.

Tendo por objetivo principal o acompanhamento da produção de relatórios contábeis, de auditoria e de sustentabilidade destinados à divulgação pública, desde a fase de planejamento até a fase de divulgação, foi criada a norma AA1000. Essa norma fornece mecanismos para avaliar a métrica empregada e verificar os dados, e está voltada, sobretudo, às informações não financeiras. Trata-se de uma iniciativa de adesão voluntária, disponível sem custos e utilizada pelo setor privado, por ONGs e por entidades públicas.

Já a SA8000 da Social Accountability International (SAI), organização não governamental de atuação transnacional, é uma norma voluntária, formulada por consenso. Visa manter condições de trabalho decentes em toda a cadeia produtiva da empresa que a adota. Após um levantamento na empresa para a verificação da conformidade com a SA8000, a SAI emite um certificado, que vale por três anos. A cada três anos, a empresa é revisada.

Vale citar ainda o sistema de saúde e segurança ocupacional (OHSAS 18001) e o sistema de gestão ABNT 16001 – Responsabilidade Social. Essa é uma norma cujo objetivo principal é o de estabelecer requisitos mínimos relativos a um sistema da responsabilidade social. Tais requisitos relacionam-se, basicamente, às seguintes atividades na empresa: promoção da cidadania; promoção do desenvolvimento sustentável; transparência das suas atividades.

EXERCÍCIOS

1) Quais são as diferenças fundamentais, do ponto de vista da sustentabilidade ambiental, entre o modelo tradicional de produção (*fim de tubo*) e o modelo de produção mais limpa (P+L)? Dê exemplos de diferentes processos produtivos em cada caso.

2) O que significa o conceito de "análise de ciclo de vida" e quais são as suas aplicações na análise das cadeias de produção, principalmente na gestão da cadeia de fornecedores de uma dada empresa?

3) O que significa "logística reversa" e quais são suas aplicações nas estratégias de remanufatura? Cite alguns exemplos de diferentes cadeias produtivas.

4) Qual o significado do termo "ecoeficiência" e quais são as principais dimensões que o termo envolve, segundo o World Business Council for Sustainable Development (WBCSD)?

5) De que maneira o conceito de ecodesign ou design para o meio ambiente (*design for environment – DfE*) deve influenciar a competitividade das empresas sob a lógica da sustentabilidade?

Considerações finais

A criação de negócios sustentáveis, sejam novos negócios, sejam "velhas" empresas que precisam se reinventar nos termos da sustentabilidade, depende de uma mudança nos modelos práticos e mentais de trabalho ao longo de toda a rede de parceiros do negócio. Dentro de uma empresa, a transformação em direção à sustentabilidade costuma passar por vários estágios.

A preocupação ambiental, de início, é reativa, não sendo vislumbrada como recurso estratégico; no máximo busca-se a destinação correta de resíduos e o controle da poluição. Em um estágio mais avançado, preventivo, a gestão sustentável é um propósito que ganha já algum suporte da alta administração e começa a se buscar a (eco)eficiência dos processos produtivos. O ideal, porém, é o atingimento da proatividade, com a incorporação da gestão ambiental como função estratégica, com suporte da alta administração e com o desenho integrado de mudanças no processo e no produto, em vez de se esperar apenas o controle "fim de tubo" dos problemas ambientais gerados. A sustentabilidade ganha então lugar na missão, na visão e nos valores da empresa; ganha ao mesmo tempo a autonomia de um departamento estratégico e a prioridade sistêmica ao longo das diversas áreas do negócio (Jabbour e Jabbour, 2013, p. 34-5).

Pode-se considerar que a empresa atual, além de seus objetivos puramente econômicos (maximização dos seus lucros, maior participação nos mercados, maximização do retorno sobre os investimentos etc.) também realiza suas funções sociais ao gerar renda e emprego nas regiões onde atua. Porém, esta parece se constituir em uma visão tradicional e limitada da responsabilidade social das empresas nos dias de hoje, tendo em vista as enormes disparidades sociais e a incapacidade do Estado em resolver a totalidade dessa problemática. Na perspectiva mais ampla e profunda da sustentabilidade, as empresas precisam participar mais ativamente na resolução permanente de vários desafios da sociedade contemporânea.

Há que se comprometer em participar de diversas maneiras em ações individuais (políticas internas) e coletivas (em coordenação com outras empresas, com sindicatos, entidades de classe e outras organizações da sociedade civil e do Estado, até mesmo em ações de cooperação internacional), para acelerar o desenvolvimento sustentável nas localidades e regiões, a princípio, e no planeta de modo geral.

Urge também desenvolver de maneira objetiva ações para combater a miséria e a pobreza, estimulando o desenvolvimento de atividades produtivas junto às comunidades onde a empresa atua. Há exemplos de empresas, nos mais variados ramos de atividade econômica, que estão buscando conciliar seus objetivos puramente econômico-financeiros com ações sociais bem conduzidas e que provocam efeitos benéficos nas comunidades e regiões onde atuam, trocando poluição, trânsito e desestruturação das comunidades e culturas locais por externalidades positivas, que abrem novas perspectivas de desenvolvimento individual e coletivo.

Outro desafio que envolve diversos agentes públicos e privados diz respeito à necessidade de se alterar o atual padrão de consumo. A lógica preponderante na chamada "sociedade de consumo", inaugurada pelos Estados Unidos no período pós-Segunda Guerra Mundial não se sustenta mais nos dias atuais. A noção de capacidade de carga do planeta impõe limites à lógica da máxima produção e máximo consumo, estimulados pela estratégia de obsolescência planejada dos produtos, inerente aos planos de marketing das grandes empresas. Sob tal estratégia, as áreas de novos negócios e de inteligência de mercado (*business inteligence*) demandam constantemente novos projetos de novos produtos de seus engenheiros e projetistas, tornando o ciclo de vida útil dos produtos cada vez menores. Gerar emprego e lucro aumentando o ciclo de vida dos produtos é a nova face das oportunidades de inovação e subversão daquela velha lógica.

Do ponto de vista das condições de trabalho e da qualidade de vida dos profissionais, as empresas se defrontam com outros desafios, que vão desde ações de proteção à vida e promoção da saúde humana, em seus aspectos mais básicos, até planos de desenvolvimento sustentável das pessoas, por meio de investimentos em educação de qualidade para que seja possível desenvolver de fato as potencialidades de todos.

Referências

ALBRECHT, K. *Revolução nos serviços.* 5.ed. São Paulo: Pioneira, 1998.

AMATO, L.F. *Constitucionalização corporativa: direitos humanos fundamentais, economia e empresa.* Curitiba: Juruá, 2014.

AMATO NETO, J. Indústria automobilística e a gestão sustentável. *Valor Econômico,* São Paulo, 8 jun. 2012.

_____. Feitos para não durar: oportunidades jogadas fora. *Valor Econômico,* São Paulo, 23 nov. 2011.

_____. As formas japonesas de gerenciamento da produção e de organização do trabalho. In: CONTADOR, J.C. (Org.). *Gestão de Operações: a engenharia de produção a serviço da modernização da empresa.* 3.ed. São Paulo: Blucher, 2010, p. 201-13.

_____. *Gestão de sistemas locais de produção e inovação (clusters/ APLs): um modelo de referência.* São Paulo: Atlas, 2009.

_____. Complexos cooperativos e desenvolvimento local: um estudo de casos brasileiros. *Sistemas & Gestão,* Niterói, v. 1, n. 3, p. 210-28, 2006.

_____. Redes dinâmicas de cooperação e organizações virtuais. In: _____. (Org.). *Redes entre organizações: domínio do conhecimento e da eficácia operacional.* São Paulo: Atlas, 2005, p. 17-38.

AMATO NETO, J.; GARCIA, R. Sistemas locais de produção: em busca de um referencial teórico. In: 23º Encontro Nacional de Engenharia de Produção (Enegep). *Anais.* Ouro Preto: ABEPRO/ UFOP, 2003, p. 1-8.

_____. *Redes de cooperação produtiva e clusters regionais: oportunidades para as pequenas e médias empresas.* São Paulo: Atlas/Fundação Vanzolini, 2000.

ARCHER, G.; LARSON, A.; WHITE, M. et al. Green chemistry and EVA: a framework for incorporating environmental action into financial analysis. In: WANKEL, C.; STONER, J. (Eds.). *Innovative approaches to global sustainability.* New York: Palgrave Macmillan, 2008, p. 83-102.

BANCO MUNDIAL. *World data bank.* Disponível em: http://databank.worldbank. org/data/home.aspx. Acessado em: 22 jan. 2014.

BEAMON, B.M. Designing the green supply chain. *Logistics Information Management*, v. 12, n. 4, p. 332-42, 1999.

BURT, D.; DOBLER, D.; STARLING, S. *World class supply chain management.* 7.ed. Boston: McGraw Hill, 2004.

CARRILLO-HERMOSILLA, J.; GONZALEZ, P.R.; KÖNNÖLÄ, T. *Eco-innovation: when sustainability and competitiveness shake hands.* London: Palgrave Macmillan, 2009.

CARSON, R. *Primavera silenciosa.* São Paulo: Gaia, 2010.

CECHIN, A; VEIGA, J.E. O fundamento central da economia ecológica. In: MAY, P.H.; LUSTOSA, M.C.; VINHA, V. *Economia do meio ambiente: teoria e prática.* 2.ed. Rio de Janeiro: Campus, 2010, p. 33-48.

CHEHEBE, J.R.B. *Análise do ciclo de vida de produtos: ferramenta gerencial da ISO 14000.* Rio de Janeiro: Qualitymark/CNI, 1997.

CHERTOW, M.R. Industrial symbiosis: literature and taxonomy. *Annual Review of Energy and Environment*, v. 25, p. 313-37, 2000.

COLLINS, J.C.; PORRAS, J.I. *Feitas para durar: práticas bem-sucedidas de empresas visionárias.* Rio de Janeiro: Rocco, 2001.

COSTA, L. *Contribuições para um modelo de gestão da água para a produção de bens e serviços a partir do conceito de pegada hídrica.* São Paulo, 2014. Dissertação (Mestrado em Engenharia de Produção). Escola Politécnica, Universidade de São Paulo.

DEJOURS, C. *A loucura do trabalho: estudo de psicopatologia do trabalho.* São Paulo: Oboré, 1987.

DEMING, W.E. *Out of the crisis.* Cambridge: MIT, 2000.

DOSI, G. *Technical change and industrial transformation: the theory and an application to the semiconductor industry.* London: Macmillan, 1984.

ELKINGTON, J. *Sustentabilidade: canibais de garfo e faca.* São Paulo: MBooks, 2011.

FREEMAN, C. (Ed.). Technical innovation and long waves in world economic development. *Futures*, v. 13, n. 4, 1981.

FROSCH, R; GALLOPOULOS, N. Strategies for Manufacturing. *Scientific American*, v. 261, n. 3, p. 144-52, 1989.

FUNDAÇÃO VANZOLINI. *Sistema de Gestão Ambiental ISO 14.000.* São Paulo: FCAV, 2004.

FURTADO, J.S. *Sustentabilidade empresarial: guia e práticas econômicas, ambientais e sociais.* Salvador: Centros de Estudos Ambientais, 2005.

GALBRAITH, J.K. *O novo estado industrial.* São Paulo: Pioneira, 1983.

_____. *A era da incerteza.* São Paulo: Pioneira, 1982.

GOLDMAN, S; NAGEL, R; PREISS, K. *Agile competitors: concorrência e organizações virtuais.* São Paulo: Érica, 1995.

GRAHAM, S; POTTER, A. The antecedents and consequences of sustainable supply chain management within the food industry. In: 17th International Annual European Operations Management Association (EurOMA) Conference. *Managing operations in service economies.* Porto: Universidade Católica Portuguesa/EurOMA, 2010, p. 1-10.

GREENPEACE. Pão de Açúcar, Carrefour e Walmart suspendem compra de carne de desmatamento na Amazônia. Disponível em: http://www.greenpeace.org/brasil/pt/Noticias/p-o-de-a-car-suspende-compras/. Acessado em: 13 dez. 2013.

GROF, S. *Além do cérebro.* São Paulo: McGraw-Hill, 1987.

GU, O; GAO, T. Management of two competitive closed-loop supply chains. *International Journal of Sustainable Engineering*, v. 5, n. 4, p. 325-37, 2012.

GUIMARÃES, E. *Crescimento e acumulação da firma: um estudo de organização industrial.* Rio de Janeiro: Zahar, 1982.

HAMZAGIC, M. *Eco-kanban: sistematização no reaproveitamento de resíduos industriais.* São Paulo, 2010. Tese (Doutorado em Engenharia de Produção). Escola Politécnica, Universidade de São Paulo.

HOFFMAN, K; KAPLINSKY, R. *Driving force: the global reestructuring of technology, labor and investment in the automobile industry.* Bolder Colorado: West View, 1988.

ISHIKAWA, K. *TQC, total quality control: estratégia e administração da qualidade.* São Paulo: IMC International Sistemas Educativos, 1986.

JABBOUR, A.B.; JABBOUR, C.; FREITAS, W. et al. Lean and green? Evidências empíricas do setor automotivo brasileiro. *Gestão e Produção*, São Carlos, v. 20, n. 3, p. 653-65, 2013.

JABBOUR, A.B.L.S.; JABBOUR, C.J.C. *Gestão ambiental nas organizações: fundamentos e tendências.* São Paulo: Atlas, 2013.

JABBOUR, C.C.; SANTOS, F.A. Sob os ventos da mudança climática: desafios, oportunidades e o papel da função produção no contexto do aquecimento global. *Gestão e Produção*, São Carlos, v. 16, n. 1, p. 111-20, 2009.

JURAN, J; GRYNA, F. *Juran, controle da qualidade handbook.* São Paulo: McGraw-Hill, 1988.

KELM, A.P.; AMATO NETO, J. An analysis of the socio-environmental requirements for the capacitation of supply network of a cosmetic company. In: Annual Production and Operations Management Society (POMS) Conference. *Global challenges and opportunities.* Orlando: POMS/ Georgia Southern University, 2009, p. 1-24.

KOTLER, P.; LEE, N.L. *Marketing contra a pobreza.* Porto Alegre: Bookman, 2009.

KOTLER, P.; ZALTMAN, G. Social marketing: an approach to planned social change. *Journal of Marketing,* v. 35, p. 3-12, 1971.

KUHN, T. *A estrutura das revoluções científicas.* 10.ed. São Paulo: Perspectiva, 2011.

LACERDA, L. *Logística reversa: uma visão sobre os conceitos básicos e as práticas operacionais.* Rio de Janeiro: Sargas, 2009.

LANG, S.S. Water, air and soil pollution causes 40 percent of deaths worldwide, Cornell research survey finds. *Cornell Chronicle,* 2 ago. 2007. Disponível em: http://www.news.cornell.edu/stories/2007/08/pollution-causes-40-percent-deaths-worldwide-study-finds. Acessado em: 23 jan. 2014.

LCSP (Lowell Center for Sustainable Production). *What is sustainable production?* Disponível em: http://www.sustainableproduction.org/abou.what.php. Acessado em: 19 jan. 2014.

LEONARD, A. *A história das coisas: da natureza ao lixo, o que acontece com tudo que consumimos.* Rio de Janeiro: Zahar, 2011.

MARX, K; ENGELS, F. *O manifesto comunista.* 16.ed. São Paulo: Paz e Terra, 2006.

MILLER, A. *Death of a salesman: certain private conversations in two acts and a requiem.* London: Penguin, 2000.

MONDEN, Y. *Produção sem estoques: uma abordagem prática ao sistema de produção da Toyota.* São Paulo: Imam, 1984.

MONTEIRO LEITE, E. *El rescate de la calificación.* Montevideo: Cinterfor, 1996.

MORIN, E. *Introdução ao pensamento complexo.* 3. ed. Porto Alegre: Sulina, 2007.

NAKAJIMA, S. *Introdução ao TPM, total productive manteinance.* São Paulo: IMC Internacional Sistemas Educativos, 1989.

NELSON, R; WINTER, S. *An evolutionary theory of economic change.* Cambridge: Harvard University Press, 1982.

_____. Neoclassical vs. evolutionary theories of economic growth: critique and prospectus. *The Economic Journal,* v. 84, n. 336, p. 886-905, 1974.

NIKKAN KOGYO SHINBUN. *Poka-yoke: improving product quality by preventing defects.* Cambridge: Productivity, 1991.

[ONU] Organização das Nações Unidas. *UN data.* Disponível em: http://data.un.org/. Acessado em: 23 jan. 2014.

PENROSE, E. *The theory of the growth of the firm.* 2.ed. Oxford: Oxford University Press, 1995.

PEREZ, C. *Microelectrónica, ondas largas y cambio estructural mundial: nuevas perspectivas para los países en desarollo.* Sussex: SPRU, 1984.

PIORE, M; SABEL, C. *The second industrial divide: possibilities for prosperity.* New York: Basic Book, 1984.

PRAHALAD, C.K.; HAMEL, G. The core competence of the corporation. *Harvard Business Review*, p. 79-90, May-June 1990.

RATTNER, H. *Liderança para uma sociedade sustentável.* São Paulo: Nobel, 1999.

_____. *Impactos sociais da automação: o caso do Japão.* São Paulo: Nobel, 1988.

_____. *Tecnologia e sociedade: uma proposta para países subdesenvolvidos.* São Paulo: Brasiliense, 1980.

ROMEIRO, A.R. Economia ou economia política da sustentabilidade. In: MAY, P.H.; LUSTOSA, M.C.; VINHA, V. *Economia do meio ambiente: teoria e prática.* 2.ed. Rio de Janeiro: Campus, 2010, p. 01-29.

SCHMITZ, H. *Small firms and flexible specialization.* Sussex: Institute of Development Studies, 1989.

SCHUMPETER, J.A. *Teoria do desenvolvimento econômico.* São Paulo: Nova Cultural, 1997.

_____. *Capitalismo, socialismo e democracia.* Rio de Janeiro: Zahar, 1984.

SELIGER, G.; KERNBAUM, S.; ZETTL, M. Remanufacturing approaches contributing to sustainable engineering. *Gestão & Produção*, São Carlos, v.13, n. 3, p. 367-84, 2006.

SEN, A. *Desenvolvimento como liberdade.* São Paulo: Companhia das Letras, 2000.

SERVA, M. O paradigma da complexidade e a análise organizacional. *Revista de Administração de Empresas (RAE-FGV)*, São Paulo, v. 32, n. 2, p. 26-35, 1992.

SILVA, G.A.; AMATO NETO, J. *Um modelo de produção sustentável.* Disponível em: <http://www.akatu.org.br/Temas/Sustentabilidade/Posts/Um-modelo-de-producao-sustentavel>. Acessado em: 6 jan. 2011.

SILVA, G.A.; KULAY, L.A. Avaliação do ciclo de vida. In: VILELA JÚNIOR, A.; DEMAJOROVIC, J. (Org.). *Modelos e ferramentas de gestão ambiental: desafios e perspectivas para as organizações.* São Paulo: Senac São Paulo, 2006, p. 313-36.

SOLOMON, S. *A grande importância da pequena empresa.* Rio de Janeiro: Nórdica, 1986.

STAHEL, W. Sustainability and services. In: CHARTER, M.; TISCHNER, U. (Eds.). *Sustainable solutions: developing products and services for the future.* Sheffield: Greenleaf, 2001, p. 151-64.

UNGER, R.M. *A reinvenção do livre comércio: a divisão do trabalho no mundo e o método da economia*. Rio de Janeiro: FGV, 2010.

_____. *Política: os textos centrais: a teoria contra o destino*. São Paulo: Boitempo; Chapecó: Argos, 2001.

US President's Council on Sustainable Development. *Eco-industrial park workshop proceedings*. 1997. Disponível em: http://clinton2.nara.gov/PCSD/Publications/Eco_Workshop.html. Acessado em: 6 fev. 2014.

[WBCSD] WORLD BUSINESS COUNCIL FOR SUSTAINABLE DEVELOPMENT. *Eco-efficiency: learning module*. Geneva: Five Winds International, 2006.

WIMMER, W.; ZÜST, R.; LEE, K.M. *Ecodesign implementation: a systematic guidance on integrating environmental considerations into product development*. Dordrecht: Springer, 2004.

WOOMACK, J.P.; JONES, D.T.; ROOS, D. *A máquina que mudou o mundo*. 11.ed. Rio de Janeiro: Campus, 2004.

WWF. *O que compõe a pegada?* Disponível em: http://www.wwf.org.br/natureza_brasileira/especiais/pegada_ecologica/o_que_compoe_a_pegada/. Acessado em: 5 fev. 2014.

YUNUS, M. *Criando um negócio social*. Rio de Janeiro: Campus Elsevier, 2010.

_____. *O banqueiro dos pobres*. São Paulo: Ática, 2000.

Índice Remissivo

4 "R"s 97

A

Análise do ciclo de vida 104
Antidumping 9
Autolib 24
Autonomação 61
Avaliação ou análise do ciclo de vida (ACV) 103

B

Balanços sociais 72

C

Cadeia 18
Cadeia de suprimentos 77
Capital natural 16
Ciclo de produção-consumo--descarte 76
Ciclo extrair-fazer-descartar 77
Círculos de controle da sustentabilidade 67
Círculos de controle de qualidade (CCQs) 67

Clean 47, 55
Clube de Roma 8
Códigos de conduta 83, 84
Consumo 14
Consumo consciente 24, 25
Contabilidade ambiental 71
Controle fim de tubo dos impactos ambientais 98
Cooperação 33
Corresponsabilidade 33
Customização em massa (*mass customization*) 63
Custos ambientais 89

D

Desenho do ciclo de vida 42
Desenho para o meio ambiente 42
Desenvolvimento 1, 6, 7
Desenvolvimento sustentável 6, 7, 8
Design ecológico 106
Design for the environment (design para o meio ambiente) 42, 106
Destruição criativa 19
Dimensão econômica 12
Dimensão social 14

Direitos humanos 84
Do berço ao berço 100, 105
Dumping 9
Dumping ambiental 9
Dumping social 9

E

Eco 92 8
Ecodesign 42, 106, 107
Ecoeficiência XIV, 104, 105
Ecoempreendedorismo 1
Ecoinovação(ões) 23, 24, 33, 38, 40,
    42, 43, 45, 46
Eco-*kanban* 69
Econegócio 17
Economia 7
Economia ambiental 9
Economia ecológica 9
Economia verde 8, 35
Ecoparques 38
Ecovalor 88, 89
Empowerment (empoderamento) 75
Empreendedorismo social 27
Engenharia de produção
    sustentável 93
Engenharia reversa 89
Engenharia sustentável 93
Ergonomia 74
Externalidades 5, 90

F

Felicidade Interna Bruta (FIB) 7

G

Gestão ambiental 107
Global Report Impact XIV
Global Reporting Initiative
    (GRI) 71, 111
Governança 81
Governança corporativa 15
Greenwashing (branqueamento
    ecológico) 73

I

Impacto ambiental 103
Incubadora 37
Indicadores de sustentabilidade 71
Índice de Desenvolvimento Humano
    (IDH) 7
Índice de Gini 6
Índice de Sustentabilidade Empresarial
    (ISE) 15
Índice Dow Jones de Sustentabilidade
    (IDJS) 15
Indústria criativa 24, 26
Instituto Akatu 71
Instituto Ethos 71
ISO 14000 XIV, 83, 107, 108, 109
ISO 14001 108
ISO 26000 XIV, 109

J

Just-in-time 68

K

Kaizen 68
Kanban 69

L

Lean 47, 55, 57, 64
Life-cycle design 42
Logística humanitária 73
Logística reversa XIV, 101, 102

M

Mapeamento do fluxo de valor (VSM,
    Value Stream Mapping) 61
Marketing 66
Marketing social 72, 73
Marketing verde 72
Mecanismo de Desenvolvimento
    Limpo (MDL) 16
Meio ambiente 1, 5, 6, 34
Mercados 7

Mercados verdes 19
Metodologia dos 5 "S"s 59
Métricas 66
Microcrédito 26
Mudança 48
Mudança de paradigma(s) 47, 53, 54
Mudanças XII, XIII

N

Negócio(s) social(is) 26, 27, 28, 29, 30
Nosso Futuro Comum 8

O

Obsolescência planejada ou
    programada 4
Oportunidades 1, 2

P

Paradigma(s) 48, 50, 51, 55
Paradigma da complexidade XIV, XV
Pegada d'água ou pegada hídrica
    (*water footprint*) 106
Pegada ecológica 106, 107
Pequenas e médias empresas
    (PMEs) 21
Planejamento estratégico 20
PMEs 21, 22, 23
Política mundial XII
Pós-consumo 18
Pós-venda 18
Produção enxuta 47, 57, 58
Produção mais limpa XIV, 8, 97,
    99, 100
Produção sustentável XIV, 47, 58, 94
Protocolo de Kyoto 8, 16
Protocolo de Montreal 8

Q

Qualidade 66, 67

R

Reciclagem XIV
Rede(s) de cooperação 33, 35, 36,
    37, 75
Redes de cooperação produtiva 34
Redesenho 44
Redes sociais XIII
Redução Certificada de Emissões
    (RCE) 16
Relatório Brundtland 8
Relatórios de sustentabilidade 72
Remanufatura 19, 97, 102, 103
Resíduos 11
Responsabilidade social 83, 90
Reúso XIV
Rio + 20 8
Rio 92 8, 16

S

Servitização 24, 62
Sustentabilidade XII, XIII, XV, 1, 6,
    7, 9, 14, 55, 67
Sustentabilidade cultural ou socio-
    cultural 26
Sustentabilidade forte 9
Sustentabilidade fraca 9
Sustentabilidade social 6
Sustentabilidade socioambiental 6

T

TPM (*total productive maintenance*, ou
    manutenção produtiva total) 59
Transformações XII, XIII
Triple bottom line (tripé da
    sustentabilidade) 12, 85